中小学科普文库

dong tian shi chong

冬天是虫，夏天是草

xia tian shi cao

主　编：刘　贵　王现东

副主编：李艳霞　赵　路

编委会：王　庆　马志伟　王宝亮　吴秀华

徐玉霞　张振华　刘丽娟　刘小丽

王维星　王志强　王廷卫　陈海军

高　磊　农新业　吴　晋　张在亮

东南大学出版社
SOUTHEAST UNIVERSITY PRESS
·南京·

图书在版编目（CIP）数据

冬天是虫，夏天是草：生物／刘贵，王现东主编.
—南京：东南大学出版社，2014.12
（中小学科普文库）
ISBN 978-7-5641-4969-7

I. ①冬… II. ①刘… ②王… III. ①生物学－青
少年读物 IV. ①Q-49

中国版本图书馆CIP数据核字（2014）第107051号

冬天是虫，夏天是草：生物
刘　贵　王现东　主编

责任编辑：马　彦
装帧设计：思想工社

出版发行：东南大学出版社　　出 版 人：江建中
社　　址：江苏省南京市四牌楼2号　　邮　　编：210096
印　　刷：北京市梨园彩印厂
版　　次：2014年12月第1版　　印　　次：2014年12月第1次印刷
书　　号：ISBN 978-7-5641-4969-7　　印　　张：13.25
开　　本：787mm×1092mm　1/16　　字　　数：150千字
定　　价：29.80元

前言

在我们生活的世界上，有无数的高山大川，更有数不清的新鲜奇妙的生物。在地球上还没有人类的时候，古老的生物就已经出现了。

当我们拿人类与其他生物相比较的时候，你会惊讶地发现，在生物王国里，一切皆有可能：人每天都要呼吸氧气，但很多微生物见了氧气却不能活；人每天都要吃饭喝水，但很多爬行动物一睡就睡一个冬天；人的身体和小动物相比很高大，但比人高大几十倍的动物在地球上曾经活了几亿年……

从古至今，生物们可能繁盛一时，也可能灭绝无踪；从小到大，生物们可能小到肉眼看不到，也可能大到巍峨参天；从短到长，生物们可能只活几分钟，也可能活了上千年；从动物到植物，动物可能一辈子都不移动，植物却可能张开大口吃人。

奇妙的生物王国，正等待着我们去探索，去寻觅，去挖掘其中的真相。

在本书中，有七位同学的故事等着我们去聆听。这七位同学，和正在读本书的你一样，充满了求知欲。在他们的故事中，我们会明白：生物是怎么发生的，是怎么变化的，有什么特点，以及该怎样和我们周围的生物相处。

读完了本书，你会发现，自己已经拥有了一个巨大的生物王国，而你就是这个王国的主人！

第一章 回到古生物时代

第二章 人类的起源之谜

第三章 可爱的脊椎动物

第四章 认识无脊椎动物

第五章 领略植物王国的风采

第六章 看不见的微生物世界

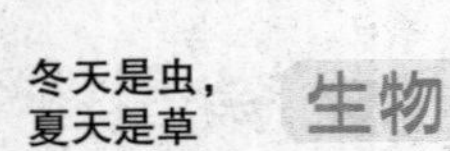

第七章 不会被遗忘的生物学家

第一章 回到古生物时代

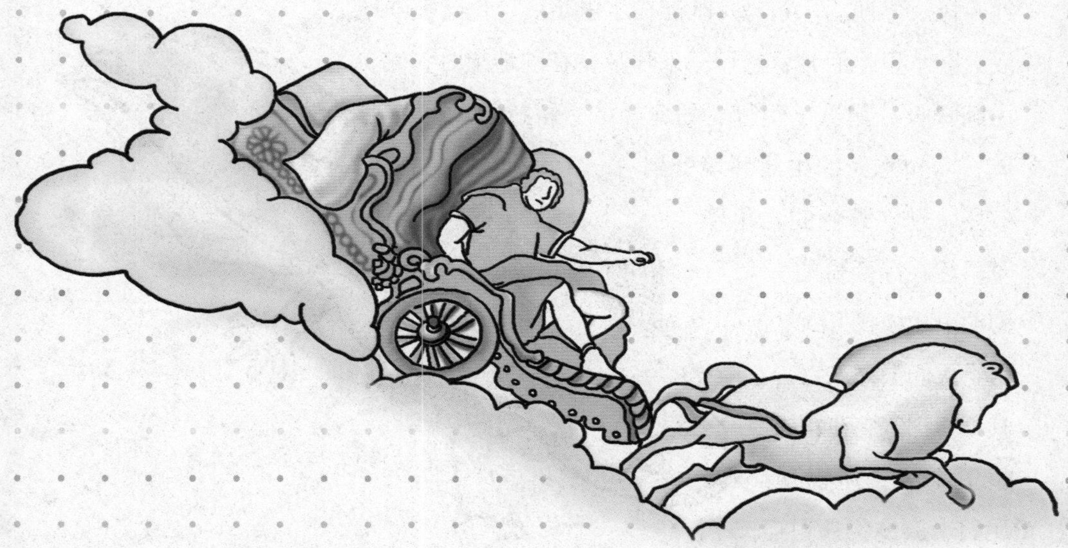

古生物的发展：
我家有只“真恐龙”

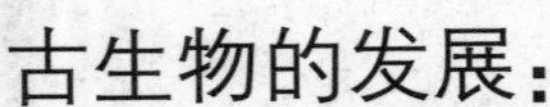

生物课上，大家都在讨论恐龙的事。老师告诉大家，虽然恐龙在世界上已经消失了，但是它们那庞大的身躯和凶猛的个性却吸引了很多人。这时亮亮忽然站起来说：“老师，我们家就有恐龙。”大家都很惊奇，老师也很疑惑：这怎么可能呢?

亮亮说：“我们家的恐龙叫六角恐龙。”

老师和同学们这才明白是怎么回事。

原来，六角恐龙虽然也叫恐龙，但是它并不是真正的恐龙，而是一种生活在水里的两栖类动物。它的样子很像鱼，可是与鱼类不同的是，它的背上生了六条羽毛一样的角，它还有四条腿，有点像陆地上的蜥蜴或壁虎。它的原名叫钝口螈。早期的六角恐龙既能在水里生活，也能在陆地上生活。在水里生活时，它用腮来呼吸；在陆地上时，它用肺呼吸，用爪子爬行。随着经济、科技的发展，六角恐龙的生活环境受到破坏，现在野生的六角恐龙只能在墨西哥的一个湖泊里才能找得到。由于人们很喜欢它，就不断训练它在水族箱里生活，所以现在到水族宠物店里还

▲六角恐龙

是能够买到它的。可是由于长期在水里生活，它已经不会在陆地上行走了。

六角恐龙的例子说明：为了适应环境的变化，很多生物都在不断地演化、发展。那么，在古代，地球上有哪些类别的生物，它们又是怎样演化和发展的呢？

我们生活的地球已经有45亿年的高龄了。地球产生以后，大概过了10亿年，才出现一些简单的细胞，这些细胞渐渐变成了很多肉眼看不到的细菌。

大约距现在20亿年，地球上出现了蓝藻这样的生物，虽然它也只是一种细菌，但是它数量很大，能够释放出氧气，使得地球上出现了含氧的大气层。后来出现了一种比蓝藻更复杂的单细胞生物，名叫绿藻，目前我们还不能分清它们是动物还是植物。由于当时的地球绝大多数地方都是海洋，所以它们都在水里生活。

早期的动物也是一个细胞，比如草履虫。到了距现在6～7亿年时，类似水母、拥有管子一样身体的动物出现了，它们形状多样，但都没有脊椎，所以叫作无脊椎动物。这些无脊椎动物，最早的有坚硬的外壳，后来的有软软的身体。当时海洋里有很多藻类植物，它们不仅释放出氧气，还可以作为无脊椎动物的食物。到了距现在大约5亿年前的寒武纪时代，三叶虫的演化、发展很快，遍及了几乎整个海洋世界，人们称当时为“三叶虫时代”。

时过境迁，海洋面积开始缩小，陆地面积逐渐扩大。首先是大量的苔藓软软地覆盖在地面上，后来陆地上出现了大量的蕨类植物，它们体形高大，像现在的高楼一样，而且到处都是。到距现在大概2亿年的时候，大部分蕨类植物都灭绝了，它们埋在地下形成了煤。而海洋里渐渐出现了鱼，距现在3～4亿年前，海洋里的鱼特别多，被称为“鱼类时代”。当时的双鳍鱼不仅能用鳃呼吸，还能用肺呼吸，不仅能在水里游，还能在岸边爬行。

蕨类植物虽然几乎灭绝了，但是其他的植物却成长起来了，地球上热闹多了。一些像苏铁、银杏这样的植物，开始用种子繁殖，它们的种子是裸露在外面的，叫作裸子植物。后来出现了被子植物，种子都被包裹起来，能够保存很长时间，还开出了美丽的花，也就是现在我们看到的大部分植物类型了。

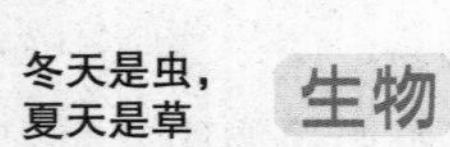

在热闹的地球上，各种动物也在疯狂地生长，其中的领导者就是恐龙。恐龙存在的时间大概在距现在2.35亿年到6500万年之间，它们个头都很大，有的吃草，有的吃肉。它们遍布全世界各个地方，种类也非常多。后来地球上的环境发生了巨大变化，恐龙能获取的食物无法满足自身庞大身躯的需要，它们最终灭绝了。

为什么很多植物和动物会灭绝呢？这是因为地球并不是时时都是安全的，有时海水动荡，有时地震侵袭，有时火山爆发，有时陨石降落，还有的时候会出现很长时间的冰川期。大量的动植物忍受不了地球环境的变化，于是消失了，也有一些动植物有顽强的生命力，它们渡过劫难存活了下来。存活下来的动植物，我们现在都能看到，但是灭绝的动植物，我们只能在化石中一睹它们的风采了。

科学小链接

1. 为了搞清楚地球的发展历程和生物的发展阶段，我们可以通过分析地球上的岩石和地层形成的时间来划分相应的时间段。时间的表述单位从大到小分别是：宙、代、纪、世、期、阶。据此可以将地层分为5代12纪，5代即太古代、元古代、古生代、中生代、新生代。古生代又分为寒武纪、奥陶纪、志留纪、泥盆纪、石炭纪和二叠纪，共6个纪；中生代又分为三叠纪、侏罗纪和白垩纪，共3个纪；新生代只有老第三纪、新第三纪和第四纪。

2. 生命诞生的顺序：海水中的含碳物质偶然间发生了一系列的化学反应→形成外表由油状膜包住的小的泡状物→细胞→单细胞细菌→多细胞生物→动物、植物、微生物。

三叶虫世界：地球海洋中的第一个生命王国

亮亮在课堂上知道六角恐龙并不是真正的恐龙之后，心理有点难过。别的同学都有恐龙模型，有的是用橡胶做的，一摸上去像真的皮肤一样，很生动；有的个头很大，脖子长长的，牙齿很尖锐，看起来威风又霸道；还有的是电动的，按了按钮后能发出叫声。可是亮亮手里没有什么远古模型。他的朋友菁菁说："亮亮，你也可以去买一个回来。"亮亮却觉得，再买一个恐龙模型并没有什么特别的，他想要更特别的模型给大家看，与大家一起学习。

有一天，亮亮经过文化市场，看到有人在卖石头。他很好奇，就买了一块回家。细细观察才发现，这石头有点与众不同。里面好像藏着一只能游泳的虫子，和石头结合得很紧密，好像要动起来，但是又一动不动。他拿给教生物的赵老师看。

赵老师立刻就拿到课堂上对大家说："同学们，亮亮的这块石头，比你们手里的恐龙要古老多了，相差3亿年呢！大家看这块石头里的小动物，它的身体由三部分组成，中间是中轴，两侧对称的是树叶一样密密排列的肋叶部分，它叫作'三叶虫'。"

大家都很惊奇，连忙凑过来一一传看。

赵老师接着说：

"现在我们已经看不到活的三叶虫了，因为三叶虫早在2亿多年前就已经灭绝了。可是在距今5亿多年前的寒武纪，三叶虫的数量十分庞大，遍布全世界，种类也很多，至少有1万种之多。三叶虫的样子各式各样，最长的有70厘米，像桌子一样长，最短的才6毫米，比大家的手指甲还要短。

“当时的海洋是第一个肉眼能够看得到的生命‘王国’，在这个王国里，由于三叶虫比任何一种动物的数量都要多，所以当时的世界称为‘三叶虫世界’。三叶虫为什么会比别的动物生命力顽强呢？请大家自己去查找答案。”

课后，大家找出了很多关于三叶虫和寒武纪动物的资料。

原来，寒武纪之前的地球，基本上被海洋所包围，生命就在海洋里诞生了。可是，早期的生命，特别是动物，诞生的过程非常漫长也很不起眼。最早的动物恐怕只能算是单细胞动物了，比如草履虫，整个身体只是一个细胞罢了，它的生命也只有一天而已。

渐渐地，多细胞动物出现了，但是结构都很简单，如有的动物和一根不规则的管子差不多，被称为腔肠动物，珊瑚就是其中的一种。动物的形体不断演化，像海绵的，像鸭嘴的，像毛线的，都很小，肉眼几乎看不到。

终于，像蜗牛一样的软体动物以及像蜈蚣一样的节肢动物出现了，三叶虫

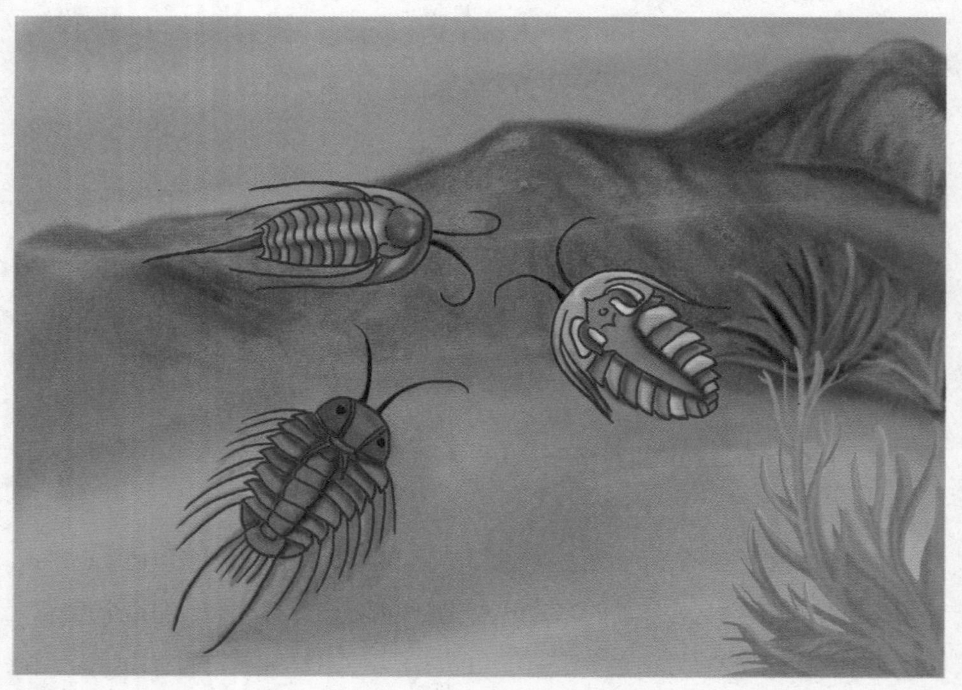

▲三叶虫生活场景模拟

就是其中一种。之所以叫节肢动物，是因为它的肢体是一节一节连在一起的，像房顶上的瓦片互相覆盖着连接起来一样。

三叶虫身上穿着结实的盔甲，头上戴着厚厚的帽盔，在它的一生中，能够多次从壳里钻出来继续生长；它的头上有灵敏的触须，一有动静，就能感觉出来；它的脚都藏在肚子的两边，所以既能游泳又能爬行。

不仅如此，三叶虫的体形在当时的海洋中几乎是最大的了，有的三叶虫浑身还长满长刺呢。面对这样“凶猛”的三叶虫，谁还敢去招惹呢？因此它理所当然地成为海洋的一代“霸主”。

后来到了2亿多年前，由于陨石降落或者火山爆发等我们不太清楚的原因，地球上的大部分生物都灭绝了，包括雄霸一时的三叶虫。三叶虫的身体很坚硬，轮廓也很分明，它们被泥沙、灰尘等包裹起来，经过漫长的历史，形成了页岩、石灰岩等坚硬的岩石，这就是三叶虫化石。它们的身体在岩石里面非常清晰，是科学家研究古代生物进化史的重要依据。

科学小链接

1. 三叶虫，古节肢动物属，三叶虫纲，生于海底，种类繁多，在寒武纪至奥陶纪之间最繁盛，三叠纪晚期灭绝，大概兴盛了3亿年。与三叶虫共生的动物有珊瑚、海百合、腕足动物、头足动物等。

2. 三叶虫化石又叫燕子石，也叫蝙蝠石，是很好的收藏品。山东泰安大汶口地区的三叶虫化石很温润，能制砚台。

3. 寒武纪生命大爆发：在距今约5．3亿年前的地质历史时期叫作寒武纪，当时地球上突然涌现出各种各样的动物，绝大多数无脊椎动物在几百万年的时间里纷纷出现，像节肢动物、腕足动物、蠕形动物等都“集体亮相”，是连达尔文都感到很迷惑的现象。

蕨类：叶子长得像羊牙齿的植物

夏天到了，各种植物长得很快。有的高高地越过窗台，把树枝都垂下来，密密的叶子遮住了大量阳光。有的一簇簇地拥挤在花盆里，嫩绿的叶子中间簇拥着朵朵小花。亮亮家的阳台上就栽种了几种不同的花，虽然叫不出名字，但是都很脆弱，妈妈从不让亮亮去触碰它们，免得使它们受伤。于是亮亮学会了用“温室里的花朵”来形容那些不勇敢的小朋友。

花盆里的植物真的都很脆弱吗？当然不是。

这天妈妈就搬来一盆花，它的枝条长得跟铁丝似的，掐都掐不断。它的叶子长了很多，都是半圆形的，叶子的边缘像牙齿一样。整盆花看起来很茂盛，只是虽然叫花，它却并不开花。妈妈把它放到阳台的一个角落里，常常洒水，但很少能晒得到阳光。

亮亮很好奇，问妈妈是不是不喜欢这盆花。妈妈说：“没有呀，妈妈很喜欢。”

“那为什么您都不让它晒太阳？”

妈妈听后，笑着跟亮亮说：“不是所有的盆花都喜欢阳光，比如这盆枝条像铁丝的铁线蕨，它不喜欢看起来肥沃的土壤，而是喜欢带有沙子的土壤。它很喜欢水，常常需要洒一些水来供它解渴。它喜欢阳光，但受不了阳光直射，那样会让它的叶子变黄，并且死掉。”

听了妈妈的讲述，亮亮说：“看来这种叶子像牙齿一样的植物很能忍饥挨饿，生命力很顽强。”

“对，你说得很对，它的家族叫蕨类植物，因为有很多种蕨类植物的叶子长得像羊的牙齿，所以又叫羊齿类植物。你知道为什么它的生命力这么顽强吗？它的祖先是在什么样的环境下生长的呢？”妈妈问亮亮。

亮亮很想知道为什么，于是在妈妈的指导下，他通过查阅资料，了解到了蕨类植物的奥妙。

原来，地球上最早的生物都生活在海洋里，早期的地球是很少有大陆的。后来，海水渐渐退去，大陆开始显现出来，但是陆地上非常潮湿，不适合带有根须的植物生长，当然也就没有植物的繁衍了。最早出现的植物只能是一些低矮的苔藓，它们靠细胞分裂或者孢子分裂繁殖。到距今4亿多年前的志留纪时期，没有叶子的植物一根根地生长起来，它们好像裸露的一样，叫裸蕨植物。它们就是蕨类植物的祖先。

到了泥盆纪和石炭纪时期（大约距现在3～4亿年），生长繁盛的蕨类植物渐渐蔓延到全球，那时的大陆上，气候炎热、潮湿，环境很恶劣，要想在这种环境下存活下来，必须生命力顽强，还要喜欢炎热、潮湿的气候条件。

当时的蕨类植物，地下有粗壮的根，地表的泥土中有盘旋曲折又结实的茎，连地面上的枝条（也就是它的叶轴）都十分坚硬。它们的叶片很大，挡得阳光都难以照射到地面上，就更加适合新的蕨类植物生长。

这个时候的蕨类植物都很高大，很多都有20或30米那么高，比现在的10层楼还要高。想想看，蕨类植物的生命力有多顽强，当时的地球被它们“霸占”得有多壮观！只不过现在它们的后代为了适应环境，都开始变得矮小了。

随着古生代末期的生物大灭绝事件，大部分的蕨类植物忍受不了变化后的环境，最终还是灭绝了。它们那高大又茂密的身体被深埋在地下，有的变成了煤，直到近几百年才

▲蕨类植物

被挖掘出来并广泛使用，有的则直接变成了巨大的化石，让挖掘出来的人们欣赏它曾经的辉煌。

明白了这个道理，亮亮又提出一个问题："难道蕨类植物不开花的吗？它是怎么传播后代的呢？"

妈妈说，蕨类植物是不开花的，它们的叶子上常常会挂满一些小小的疙瘩，叫作孢子。等到孢子发育成熟后，里面会有精子游出来，也会有卵子等待精子的到来。如果水分充足，或者空气潮湿，精子游得就快一些。两者结合就产生了新的孢子，然后在合适的土壤中形成新的植株。

看着眼前的铁线蕨，亮亮心想："原来是这样。古老的蕨类植物真是令人惊叹啊，我也要学习它那种勇敢、顽强的精神！"

科学小链接

现在应该怎么养蕨类植物呢？

如今的蕨类植物也是分很多门类的，不同的蕨类植物适合的环境并不相同。多数蕨类植物需要酸性生长环境，比如紫萁的生长环境是微酸的土壤，所以在南方很常见，如果要在北方种植，就需要对北方偏碱性的土壤和水进行处理。

要种植蕨类植物的小朋友，在购买的时候一定要清楚地了解这个品种对土壤、水、湿度的具体要求，相信环境合适了，你的蕨类植物会生长得非常茂盛，连在北方过冬都没有问题。

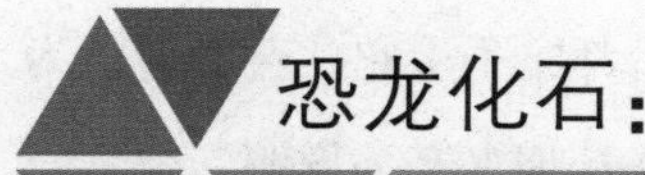

恐龙化石：游山玩水的大发现

自从看了电影《侏罗纪公园》，班里的同学都对恐龙有了很大兴趣。想想那巨大的身躯、长长的脖颈儿、尖利的牙齿和跑起步来震天动地的响声就觉得过瘾，特别是男孩子们，人人都到玩具店买了自己喜欢的恐龙玩具。

但是玩具毕竟只是玩具，真正的恐龙是不可能存在的。赵老师告诉大家，恐龙在很久以前已经全部灭绝了，要看恐龙，只能到博物馆里去看它们的化石骨架和人们通过想象创造出来的复原图了。至于电影中的恐龙，全部都是人们通过化石重新想象出来的恐龙外形而已。

这时亮亮提出了一个问题："既然恐龙已经不存在了，人们是怎么发现恐龙遗迹的呢？是不是需要很艰苦的努力，向地下挖掘才能够得到恐龙的化石呢？"

赵老师笑着说："其实，人们最早发现的古生物化石，都不是刻意去寻找的。因为最初人们并不知道地底下有恐龙呀！"

"那人们是怎么发现的呢？"

"严格地说，是人们在游山玩水的时候偶然发现的。"

亮亮觉得有趣极了，原来游山玩水也能够发现恐龙这样的奇迹，是不是自己到郊外旅游的时候，也有可能会发现恐龙的化石呢?

当然不是。由于恐龙的存在时间是中生代时期，离现在有2亿年左右，恐龙灭绝也有6500万年了，经过这么长的时间，地层已经发生了巨大的变化，它们的身体或遗迹都埋藏在很深的地层中。虽然它们在世界7个大洲都有化石，但是我们往往只能在沙漠、山谷乃至海底去发现它们的踪迹。

但是当年第一块恐龙骨头化石的发现，却纯属偶然。

17世纪时，一个叫普洛特·加龙省的英国人在牛津郡的一个采石场中，偶然发现了一块巨大的骨头——更确切地说，是一块腿骨的化石。这块腿骨化石太大了，它既不是牛的，也是不马的，连大象的腿骨都比不上它。普洛特认为是某种巨人的腿骨，于是把腿骨的样子画了下来，并且加上文字说明，编到一本书里面。后来科学家经过研究发现，这是一种名叫班龙的恐龙的大腿骨。

更偶然的是禽龙的发现。1822年，英国人吉迪恩和他的妻子玛丽在一个村庄拜访病人时，发现了很多牙齿样的石头。他好奇地把这些石头交给了科研所，科学家们发现这种牙齿和鬣蜥的牙齿很相似，但是比鬣蜥的牙齿大多了。一般的鬣蜥还不如人的手掌大，可这种动物的身体也许有12米长。经过研究，科学家们断定它就是禽龙。

禽龙有时候用后肢行走，腾出两只前爪抓取食物或者抵抗敌人，尤其是它的大拇指，像钉子一样非常有力。它的尾巴很长，在奔跑时能起到平衡作用。它的牙齿像锯齿一样，能咬碎很多坚硬的东西。虽然看起来恐怖，但禽龙其实是一种素食动物，并不吃肉。

其实不仅这两种恐龙的发现很偶然，现在大部分恐龙化石都是人们在外出

▲禽龙

游玩或者做其他事情时偶然发现的，然后科学家及时赶来细心挖掘出来，比如中国最早发现的完整的恐龙化石——青岛龙。

1950年春天时，山东大学的周明镇老师和他的学生在山东莱阳的一个村庄进行野外地质训练，无意中发现了恐龙蛋和部分恐龙骨骼化石。第二年，别的科学家也一起加入进来，终于挖掘出了一具完整的恐龙化石骨架。

随着这具骨架的完整呈现，对于青岛龙的样子，我们也可以想象得很清楚了。它的身体大概有7米长，5米高，肚子那里的宽度有2米，体形很庞大。它的最大特点是在两眼中间的头顶，长了一条细长的角，远远看去好像是短的天线似的，又像是独角兽，非常奇怪。它的头是扁平的，嘴巴像鸭子，站起来又像一只大鸟。它也是素食的，并不吃肉。

“看来恐龙化石也不是那么容易就发现的。”亮亮想。

“完整的恐龙化石也许发现起来有点困难，但是恐龙蛋的数量就大多了，而且我们国家是恐龙蛋化石非常丰富的国家。”赵老师说，“恐龙蛋就是恐龙下的蛋，大部分是圆形或椭圆形的。到了繁殖季节，恐龙会到湖边的沙地产卵，并且把它们埋起来，利用太阳的热量让小恐龙孵化出来。当环境发生了变化，这些蛋无法孵化，就随着地质变化，变成了化石。”

科学小链接

什么是恐龙化石？

恐龙死后，它身体中的皮肤、肌肉、血管等软组织都会腐烂消失，但是它身体中的骨骼、牙齿等硬组织却会被泥沙埋葬起来。泥沙中没有氧气，所以很难腐朽，经过千百万年甚至上亿年的时间，恐龙的骨骼就变成了石头一样的物质，但是它的形状却保存了下来，这就是恐龙化石。

你知道吗？连恐龙的脚印都有可能在石头中保持着原来的形状呢，这就是恐龙的生活遗迹化石。

恐龙名称的由来：是巨人的遗骸吗？

课堂上赵老师给大家展示了巨齿龙的图片。

赵老师说："巨齿龙，从名字就可以看出它的牙齿是很大的。不仅牙齿大，它的颌骨等骨头都很大，这足以证明它是一种可怕的食肉动物。巨齿龙的身体比两只犀牛还要高，它的大嘴一旦张开，就会露出又大又尖的牙齿，这些牙齿像锯齿一样，一旦遇到猎食对象，就会死死咬住对方身体，无论怎么摇晃都不能使它松动，那些温和的素食恐龙根本不是它的对手。它的手和脚也很厉害，长长的爪子能撕开猎物的皮，把肉撕碎。听了这些，大家是不是觉得很恐怖呢？"

大家都点点头，有的同学连话都不敢说了。

赵老师接着说："龙在东方，特别是中国，是一种非常祥瑞的动物，在神话传说中，龙的身体很长，身上有鳞片，身下有爪子，它的嘴巴也很大，尾巴很长，似乎与巨齿龙有点相似呢。但是我们中国的龙从不吃肉，而是专门负责降雨，保护庄家收成的，是大家心中的神，所以是吉祥的代表，一点也不恐怖。因此我们不能再把那些地下的大型

▼巨齿龙

化石动物叫作龙了，只能叫它们‘恐龙’。”

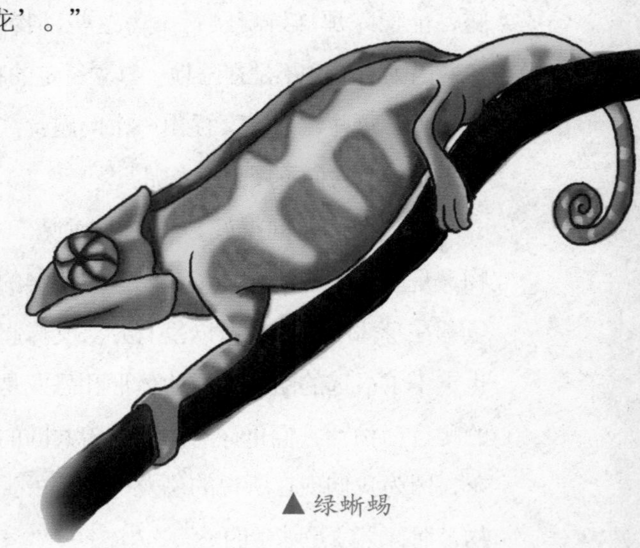

▲绿蜥蜴

赵老师给大家出了一个问题：“恐龙的样子和现实中哪种动物最接近呢？”

大家七嘴八舌地说开了。有的说是犀牛，有的说是袋鼠，有的说是老鹰，还有的说是鳄鱼，众说纷纭。赵老师说都有点像，但是又不太像。曾经去沙漠旅游过的亮亮想了想说：“是不是和蜥蜴很像？”

赵老师立刻拿出一张图片：“看，这是一张绿蜥蜴的照片。大家来看像不像？”

大家一看，果然很像。都有三角形的头，长长的尾巴能来回甩动，四条腿很灵活，前两条腿还可以抬起来。尤其是绿蜥蜴的背上长了一行刺一样的东西，和剑龙背上的“剑”特别像，只是蜥蜴的个头和恐龙比起来，实在是小巫见大巫。另外蜥蜴是匍匐着前进的，恐龙的腿像大象，能直立着行走，这也是它们的不同。

不管怎么说，看起来恐龙和蜥蜴是有“近亲”关系的啊。

1842年，英国有位叫欧文的古生物学家也觉得恐龙和蜥蜴很像，但是恐龙比蜥蜴恐怖多了。所以他创造了一个词叫“dinosaur”，这个英语单词来自希腊文deinos和saurosc，前者的意思是“恐怖的”，后者的意思是“蜥蜴”，合起来就是“恐怖的蜥蜴”的意思。

随着恐龙化石在全世界范围内的大量发现，许多科学家对恐龙进行了深入的研究，“恐龙”这个词不仅仅是“恐怖的蜥蜴”那么简单了。它代表的是中生代时期那些身体庞大、能够直立行走并且已经灭绝了的远古爬行动物。

所以，翼龙有翅膀，能在天上飞；鱼龙有鳍，能在水里游；蛇颈龙没有腿，能像蛇那样蜿蜒爬行……这些动物的名字中都有“龙”字，但都不是恐龙，因为它们并不是在陆地上直立行走的爬行动物。

听了这些，亮亮又提出一个问题：“老师，乌龟、鳄鱼也能够在地上爬，可是为什么它们不属于恐龙呢？”

“这个问题问得好，”赵老师说，“亮亮同学能够细心观察生活中的动物，是应该表扬的。乌龟、鳄鱼它们爬的时候，肚子是贴着地面的，四肢的力量都在身体的两侧，所以没有办法支撑起整个身体。如果它们支撑起身体来，也走不了很远的路。它们的体形和恐龙是相似的，但我们只能说它们是两栖类的爬行动物，它们也许与恐龙有着共同的祖先——两栖动物。但是它们不是恐龙，因为我们现在所说的恐龙一定是古生代时期那些已经灭绝了的大型爬行动物，而且必须是陆生的。”

原来，不论是恐龙，还是现在的蜥蜴、乌龟、鳄鱼，它们的祖先都是海里的两栖类动物

当海水渐渐退潮，陆地渐渐显露出来之后，有的生活在海边的鱼类为了生存，就可能进化得既能在水中生活，又能在陆地上觅食，这就是两栖动物，比如青蛙。后来，两栖动物中的一类，不再回到海里去，有的演化成了巨大的恐龙。有的呢，则仍然在水边生活，就是现在的两栖动物。

科学小链接

中国龙和西方龙都不是恐龙

在中国神话中，龙是一种神奇的动物，具有9种动物合二为一的形象，具备了各种动物的特长。传说中能显能隐，能细能巨，能短能长。春天飞上天空，秋天潜入深渊，呼风唤雨，无所不能。中国人还把蛇叫作“小龙”。

西方龙又叫dragon，也是传说中的一种生物，拥有强大的魔法力量，有很多种类。在基督教中，西方龙是恶魔的化身。它们身上披着厚厚的鳞片以及蝙蝠一样的翅膀，牙齿尖利，能吃人，也很恐怖。

但不论是中国龙还是西方龙都与恐龙没有关系。

中华龙鸟：是恐龙还是鸟？

课堂上看了中华龙鸟的复原图之后，大家都产生了一个疑问：这到底是恐龙还是鸟呢？

有的同学说是恐龙。

是啊，你看这只奇怪的动物，前肢又粗又短，爪子带着钩，一定十分锐利，在捕食的时候会一下子抓住它想要吃的食物。它的牙齿样子像小刀，边缘带着锯齿形的构造，在咀嚼的时候，恐怕没什么东西能抵抗得了它的力度。看起来就是一只食肉的恐龙嘛！

有的同学却有不同意见。

你看它高高昂着头，后腿一前一后，身体好像要飞起来。它的尾巴比身体的两倍还要长，看起来好像一只没有开屏的孔雀。它的体形比我们认识的恐龙小多了，身长还不到1米，显得身轻体健。最奇怪的是，它的身上从头到尾都披着像羽毛一样的东西，虽然不能算得上是羽毛，但是已经是很长的鬃毛了。而且，这些鬃毛不仅布满了它的头、脖子、后背以及尾巴，还是黄褐色和橙色相间的，到了尾巴部分，则是橙色、白色相间的。想想看，是不是像一只漂亮的大鸟呢？

大家争论不休，还是请老师来做个说明吧。

老师没有立刻回答，而是问了大家一个问题："同学们，在距现在1亿年左右的白垩纪时期，地球上的环境已经不像以前那么适合恐龙生存了。高大茂密的蕨类植物开始忍受不了渐渐变坏的空气和变化了的气温，部分开始死去。空气有些污浊，大陆上的食物并不丰富，很多恐龙都要饿肚子，它们必须要提高自己的求生本领了。大家觉得恐龙会寻找什么样的求生本领呢？”

大家纷纷猜测，一定是跑得更快、跳得更高、长得更高大吧。

“这些都有可能，但还不是最有效的。”老师说。

“如果可以飞到天上去，是不是就可以看得到最远的食物，抓得到跑得更快的动物了呢？”老师接着说。

听了老师的话，同学们恍然大悟，这确实是个好办法！

那中华龙鸟到底是恐龙还是鸟呢？老师为同学们揭晓了答案。

为了生存，恐龙不得不做出选择，有一部分恐龙并没有让自己变得高大威武，而是变得小巧轻盈，甚至它们的一部分后代变成了鸟类，飞到了天上。中华龙鸟就是从恐龙向鸟类演化的一个中间阶段。它很凶恶，有尖利的牙齿和爪子，具备恐龙的特征。它又很轻巧，有美丽的羽毛和巨大的尾巴，具备鸟类的特征，而且奔跑起来很快，像现在的鸵鸟一样。但是它毕竟还没有长出翅膀，所以它是不能飞上天的，可是它的觅食本领已经很强了。有趣的是，在中华龙鸟的化石骨架中，发现了一个小小的蜥蜴化石。这说明中华龙鸟的视力很好，

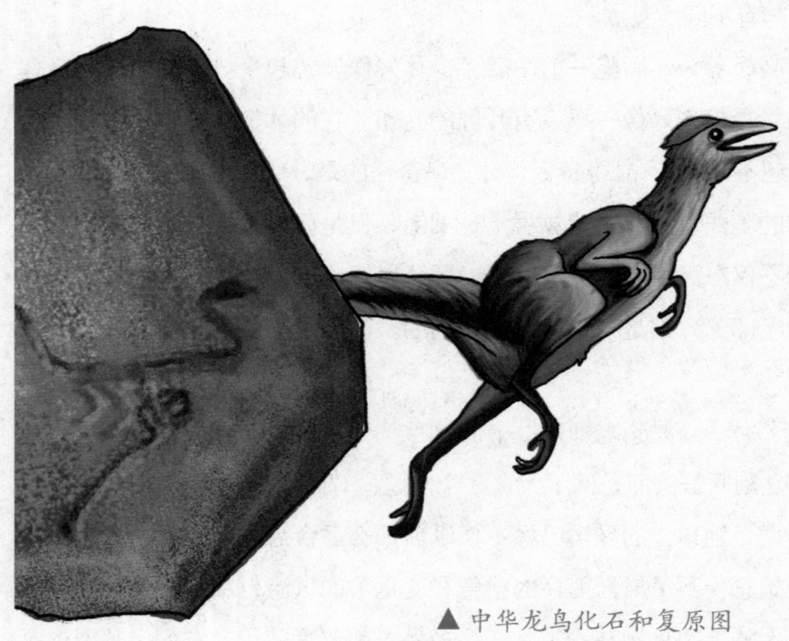

▲中华龙鸟化石和复原图

已经能够轻而易举地捕捉到在夹缝中奔跑的蜥蜴了。中华龙鸟的出现再一次说明，天上本来是没有鸟的，当恐龙为了适应新的生存环境时，就会不断改变自身的结构，长出羽毛、翅膀，延长尾巴，缩短前肢，飞到天上去。这就是生物进化的奇迹！话说回来，中华龙鸟毕竟还没有长出翅膀，它还不是鸟，而是一种小型的肉食恐龙。

科学小链接

中华龙鸟生存于距今约1．4亿年的早白垩世。1996年在中国辽西北票上园乡，一位农民最早发现了它的化石。科学家们研究确认，它属于爬行动物向鸟类进化的中间阶段，被命名为中华龙鸟。中华龙鸟化石产于一层2～7米厚的含有火山灰的湖泊沉积的页岩中。中华龙鸟的发现，改写了德国始祖鸟化石为鸟类始祖的历史，证明鸟类的祖先在中国。

恐龙的灭绝：灾难来临了

春天到了，有时候阳光明媚，一片旖旎的春光；有时候却风沙四起，到处飘动着灰蒙蒙的沙尘，甚至在路上站立不久，衣服上就会落上一层尘土。一天放学回家的路上，突然刮起了大风，沙尘暴肆虐，亮亮戴上了口罩，还是忍不住咳嗽。

亮亮忍不住小声对接自己回家的爸爸说："再没有比这更恶劣的天气了，就算是恐龙也受不了了吧！"

爸爸听后哈哈大笑。

亮亮问爸爸笑什么。爸爸说："你说得既不对，又对。"

亮亮很疑惑，问爸爸为什么这么说。

爸爸说："第一句话不对，白垩纪晚期的天气比现在可要恶劣千百倍；第二句话说得对，恐龙再强壮，也忍受不了恶劣天气的长期存在，所以最终走向了灭绝。"

爸爸的话激起了亮亮的好奇心：恐龙是怎么灭绝的呢？回到家，亮亮和爸爸一起在电脑上查起了相关资料。

在距今6500万年前后的白垩纪晚期，地球上出现了和以前很不一样的景象。首先是海水上涨，地球上大部分的陆地都被海水淹没，茂密的蕨类植物被淹没在海水中，渐渐腐烂，消失了。其次是非常恐怖而且长时间的"沙尘暴"。当时的"沙尘暴"不同于现在的沙尘暴。现在的沙尘暴是由于气流变化，风把黄土高原等地的细沙吹到平原上来，在我们生活的天空上形成一片雾蒙蒙的景象，使我们看不到阳光，也呼吸不到新鲜的空气，顶多三五天就过去了。然而当时的“沙尘暴”却并没有这么好“打发”，可真是令人“闻沙丧胆”。那时候因为彗星雨带来的大量陨石撞击地球的不同部位，形成陨石坑，这些撞击不止一次地发生，就像在一个面盆中扔进了一块大石头，接着又扔了一块，面粉四溅，使当时的地球上产生了大量少见的气体和灰尘，并进入大气层，阳光无法穿透，包括恐龙在内的各种动物和植物都长期生活在阴影之中。随着阴霾的不断持续，地球上不再温暖如春，而是温度急剧下降，而且这种情况还持续了很多年。我们都知道，植物生长是需要阳光的，长期得不到阳光照射，植物就灭绝了。素食恐龙是需要吃植物的枝叶的，没有足够的植物，素食恐龙和其他小型素食动物一起灭绝了。肉食恐龙是需要吃素食动物的，而现在肉食恐龙只能互相厮杀，苟延残喘。随着不断的竞争和厮杀，肉食恐龙再也忍受不了饥饿的威胁，一代“霸主”也在绝望中消失。

看到这儿，亮亮再也不觉得现在的沙尘暴是多可怕的事情了。因为，现在的沙尘暴毕竟持续的时间很短，只有几天，而白垩纪末期的沙尘暴却有很多

▲恐龙灭绝场景模拟

年。无论多么凶恶，多么强壮，多么“龙多势重”，多么骄傲无比，都抵挡不住饥饿和寒冷的侵袭啊。如今我们只能从它们巨大的化石骨架上一览它们的风采并且想象一下它们曾经的辉煌了。这就叫作“沧海桑田”，这才是最可怕的灾难。

想到这些，亮亮不禁有点悲伤。爸爸却一点也不难过。他告诉亮亮：有死亡就会有新生。虽然恐龙灭绝了，却为哺乳动物以及人类的最后登场提供了机会。不然，有恐龙那么恐怖的动物存在，现在的哺乳动物和人根本就没有办法活下去。所以，我们称恐龙灭绝之后的时代为“新生代”。

科学小链接

大概在距今1．37亿年至6500万年之间的地球上，海水大量淹没大陆，北半球广泛沉积了一些由颗石藻和浮游小虫的化石组成的石灰粉一样的岩石，它的名字叫作白垩，所以当时的时代就叫白垩纪。有科学家研究认为，白垩纪的生物大灭绝时间分为两个阶段。第一阶段是地球上的大量火山喷发出浓浓的黑烟和灰尘，笼罩全球，并且使海水上涨、气温变暖。太温暖的天气使得海洋中的一些生物无法忍受而灭绝；第二阶段是数十万年后小行星撞击地球，使得鱼类、海生爬行动物等受到重创，再加上天气恶劣旷日持久，逐渐波及整个地球生物圈，75%～80%的物种灭绝了，最著名的就是恐龙大灭绝。

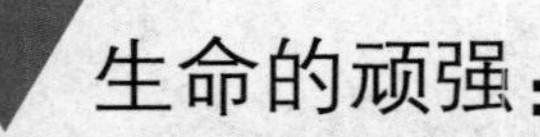

生命的顽强：谁渡过了劫难？

暑假的时候，亮亮全家去澳大利亚旅游，到了以后才发现，那里是冬天。虽然是冬天，但还是见到了不少动物，有把宝宝装到一个袋子里的袋鼠，还有拥有鸭子一样的嘴巴和海豹一样的身体的鸭嘴兽。

虽然爸爸早就给亮亮看过鸭嘴兽的图片和电影，还细致地讲过鸭嘴兽的特点，可是第一眼看到鸭嘴兽，亮亮还是吃了一惊。这鸭嘴兽和平时见到的动物太不一样了嘛！

它生活在水边，游动起来和鱼一样扭动身体，按理说应该有鱼一样的嘴巴，可偏偏它的嘴巴是扁平又硬的，它有短而且厚的尾巴，它的脚上有蹼和爪子，看起来和鸭子差不多。它有一身漂亮的灰色绒毛，又有点类似中国的水獭。它游动起来像海豹，爬行起来像乌龟。真是个四不像！

“外表还不是最奇怪的呢，”爸爸说，“它的宝宝要吮吸它的乳汁长大，可是它却没有乳房。它既然是哺乳动物，那应该是直接生下一个个小宝宝吧，不，人家生下来的是蛋。”

“别的不说，就产蛋这一点，和恐龙倒有点相似呢！”亮亮说。

爸爸竖起大拇指夸赞亮亮聪明。

鸭嘴兽的祖先其实是和恐龙同时存活在地球上的。在中生代，有许多爬行动物也在不断地演化着，适应不断变化的地球环境。只不过在中生代，恐龙的势力太强大了，我们就会忽视那些还在演化过程中的哺乳动物的祖先。

终于，随着地球环境变得恶劣，恐龙绝迹了。不仅是恐龙，包括鱼龙、蛇颈龙、沧龙、翼龙等具备强大生存本领的爬行动物和不可计数的无脊椎动物都

▲鸭嘴兽

灭绝了，死亡的名单很长很长。可是还有一部分动物用它们顽强的生命力和不断改变自己适应环境的能力渡过了那一场大劫难。

我们先来看那些至今仍然在爬行的具有悠久历史的动物吧，有鳄鱼、乌龟、鳖，还有蛇。它们或者凭借坚硬的外壳，或者凭借超强的游泳本领，或者凭借长时间睡眠的能力，渡过了灾难。

那些变化了的动物，包括鸟类和各种哺乳动物。鸟通过它逐渐进化出来的一双有力的翅膀，可以穿越肮脏的空气，不断寻找适合它生存的自然环境。哺乳动物则不再产卵，而是直接生下一个个可爱的小宝宝，用自己的乳汁把它们喂养大，这就大大提高了它们后代的存活能力。想一想，如果也像恐龙那样把蛋扔在外面，怎么能那么容易渡过劫难呢？哺乳动物还会借助厚厚的毛发保持身体的体温，进而能够在寒冷或炎热的环境下达到身体环境的平衡，因此它们的生存机率就更大了。

恐龙灭绝后，哺乳动物终于凭借自己的生存本领存活下来了，而且发展到现在，形成了数也数不清的各种哺乳动物，连我们人类都是一种哺乳动物呢。

比如袋鼠，它们不但用乳汁喂养宝宝，而且为了防止宝宝被其他动物伤害，还让宝宝钻进自己身体前面的袋子里，无论走到哪里，宝宝都能得到妈妈的最佳保护。

再比如蝙蝠，它不仅是飞行健将，而且能够在飞行时发出一种超声波，一旦遇到障碍物或者昆虫等食物，超声波就会反弹回来，利用自己的耳朵捕捉到这种“回音”，蝙蝠得以躲开障碍物或者抓住食物大吃一顿。

伊里安岛的针鼹和鸭嘴兽一样，没有乳头。但是它有乳腺，照样可以用乳汁哺育后代。它也不是胎生的，而是卵生的，所以它的祖先也是爬行动物，而且是渡过了劫难存活下来的爬行动物。只不过，它现在已经是哺乳动物家庭中的一员了。

所以，生命的顽强不在于你曾经有多强大，而在于不断提高自己。

1.什么是哺乳动物?

哺乳动物在动物界中结构最高等、机能最完善，它最主要的特征是用乳汁喂养幼儿。哺乳动物的体温一般都是恒定的，能够适应复杂的环境；哺乳动物的大脑比较发达，能够不断改变自己的行为。世界上的哺乳动物数量很多，大概有4000种。哺乳动物的祖先是兽齿类爬行动物，但是爬行动物的牙齿都是一样的，而哺乳动物的牙齿却是各不相同。最早的哺乳动物化石存在于侏罗纪，和恐龙同时存在。

2. 鸟类的起源

很多科学家都认为鸟类起源于恐龙，或者和恐龙有共同的祖先。它们也是渡过白垩纪劫难留存下来的动物之一。

双鳍鱼：最早的肉鳍鱼类

亮亮家的鱼缸里养了很多金鱼，有亮红色的、金黄色的、银白色的，还有黄白相间的，以及带斑点的。它们每天在透明的鱼缸里自由自在地游来游去，好像一匹匹游动的锦缎，围着水中的小型水草模型来回缠绕着，漂亮极了。

金鱼虽然好看，养起来却着实不容易。每天要定时喂养，不能喂多，也不能喂少。要隔几天就换一次水，保持水质的清洁。还要不断往水中充氧，让水中有足够的氧气供它们呼吸。

有一天家里停电了，爸爸妈妈和亮亮都不在家，输氧机停止了工作。晚上回到家后，亮亮发现所有的金鱼都翻着肚皮，漂浮在水上死掉了。亮亮伤心极了。

第二天，亮亮从市场上买来一块漂亮的石头，放进鱼缸里，石头的一半露在水面上。亮亮这样做并不是为了好看，而是他想金鱼在缺氧的时候会不会也和乌龟一样爬到石头上吸氧和休息。

爸爸听了亮亮的想法，对他说："乌龟是爬行类，能够靠肺来呼吸；金鱼是鱼类，只能靠腮呼吸，它们虽然都生活在水里，但是大不相同。所以，虽然你很有爱心，但是你的做法是错误的。"

"那么，如果地球上的水减少了，或者水里的氧气变少了，鱼类就必须要死掉了吗？"亮亮反问道。

"也不一定。动物的进化要比植物的进化有特色得多，动物求生的意志是非常强烈的。当地球环境发生变化时，动物们会积极应对，寻找最佳的生活方式，并且在身体上演化出越来越适应新环境的器官。"

为此，爸爸给亮亮讲了双鳍鱼的故事。

在古生代的海洋中，首先出现的是没有脊椎的三叶虫，它们或者有腔肠，能伸缩；或者有硬壳，能自我保护；或者有针刺，能攻击小动物；或者有能够伸缩的肢体，能灵活改变行进路线。但是它们都没有脊椎，身体的主要部分是一团肉乎乎的东西，所以都叫作无脊椎动物。随着进化，背上长了一条长长的脊椎的动物越来越强大，游泳速度加快，抵抗能力增强，身体扁扁的，身体两侧长着能够控制速度的鳍，身体内部有鳔可以让它们自由上下，它们的腮可以开合，吸收水中的氧气，这就是鱼类。鱼类一出现，很快成为了海洋中的新“霸主”。可是泥盆纪后期，因为地球气候变冷，海水结冰，海中的大量鱼类竟然灭绝了。本来泥盆纪被称为“鱼类的时代”，此时却遭受了灭顶之灾。环境的变化逼迫鱼类进行自我改变，它们中的一部分生出了更加结实的鱼鳍，这就是肉鳍鱼类。肉鳍鱼类中的最早代表是泥盆纪中期的双鳍鱼。说起这种鱼，真是奇怪极了。我们都认为鳍是鱼在水中的“翅膀”，可是双鳍鱼居然能爬上岸来利用双鳍行走。如果我们能够回到泥盆纪，就会发现有很多这样的鱼，它们的身体长长的，身上有厚厚的鳞片，尾巴呈现出一边长一边短的形状，最重要的是它们的身体两侧有两对鳍，这就是双鳍鱼。双鳍鱼在水中是用鳃和鳔呼吸的，当河水干涸后，它们可以在河床上的淤泥里打洞，用双鳍在泥地里缓慢行走，用肺来呼吸。当你看到这一幕时，一定会大吃一惊：“哎呀，鱼都上岸行走了，自然界真是无奇不有！”它们还能找一个软软的洞穴睡大觉呢，一睡

▲双鳍鱼

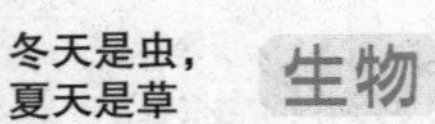

就能睡好长时间，只留出一点小孔供呼吸之用。

同学们，当你看到双鳍鱼的化石、听到双鳍鱼的故事后，会不会觉得，双鳍鱼就是两栖动物以及爬行动物的祖先呢？是的，陆地上的爬行动物都是从海里爬上岸来的，经过漫长的进化，形成了能够自由奔跑的动物，双鳍鱼就是其中的先行者。

科学小链接

泥盆纪开始于距今4.1亿年，结束于距今3.5亿年，持续了大概5000万年。泥盆纪发生了大面积的造山运动，许多地区升起，露出海面成为陆地，地球上出现了很多道“褶皱”，就是现在的高大山脉。这时的地球上，蕨类植物繁盛，昆虫出现，两栖动物也纷纷登场，脊椎动物发展很快。因为鱼的数量和种类很多，泥盆纪也常常被称为“鱼类的时代”。

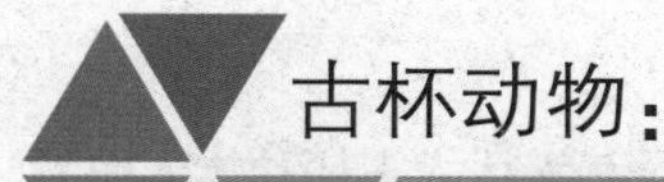

古杯动物：像杯子一样的海底生物

每次吃饭之前，妈妈都得喊破喉咙，才能让亮亮从玩具堆里回到餐桌前。面对满桌子的青菜，亮亮一点食欲也没有。为了让亮亮多吃饭，妈妈不顾爸爸的反对，常常用勺子把饭送到亮亮的嘴边。

要知道，亮亮都已经快10岁了，也太没有自立精神了吧。

妈妈说："多吃青菜才会有营养，身体才会长高，青菜里含有很多的有机质。"亮亮却反驳说："还是肉最有营养，桌上没有肉，我怎么能长大呢？"妈妈却说："古杯动物从来不吃肉，照样遍布在广大的海洋中。"

亮亮没话说了，但还是不肯吃青菜。最后妈妈一边哄，一边劝，把青菜送到他嘴边，才勉强吃完一顿饭。

爸爸看着亮亮那小皇帝的样子，嘲笑他说："你这样吃饭，和古杯动物有什么区别？"

妈妈和爸爸都在说古杯动物，那古杯动物到底是什么样的呢？

这种动物长得确实像杯子，不过是双层玻璃杯。它身上的骨骼分为内外两层壁，外壁薄，内壁厚，两层骨骼都布满小孔，内外壁之间由排列方式不同的板状骨头连接起来，有点像迷宫。

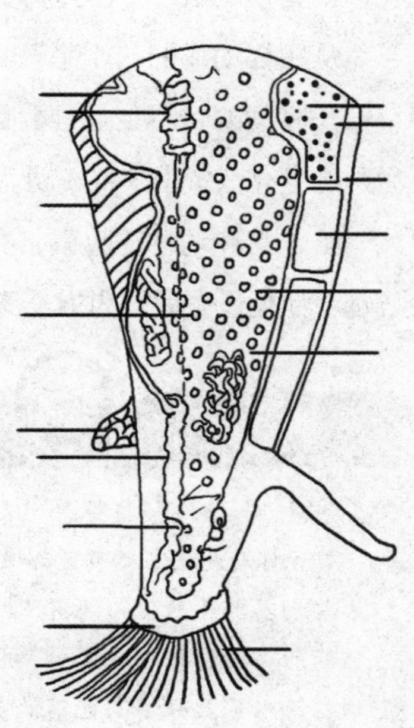

▲ 古杯动物骨骼构造示意图

古杯动物是不会主动吃饭的，它的身体被

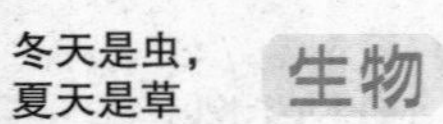

根一样的东西固定在海底，终生都不怎么移动，最多也就是平躺着或者翻个身而已。它没有嘴，是靠海水的流动把一些有机物带进“杯子”里进行消化，所以它也是个“小懒虫”。

关于古杯动物到底是不是动物，曾经有过争议。有人认为古杯动物太原始了，叫它藻类还差不多，可是它毕竟比藻类要“聪明”；有人说古杯动物的身体是长长的，聚集在一起，有点像珊瑚，可是珊瑚的身上却没有这么多小孔；还有人说古杯动物既然这么多孔，那是不是一种海绵呢？可是海绵的身体里有针一样的骨头连接着它那松散的身体，古杯动物却没有骨针。所以，古杯动物就是古杯动物，虽然很低等，但却是独一无二的原始多细胞动物。

在寒武纪时期的浅层海底里，古杯动物的生活深度最深不超过50米，但一生难见天日，只有它的幼虫因为太轻，所以能在海水中漂浮，等它们长大后，身体变重，骨骼也增长了，就沉入海底，生出“根”来，牢牢抓住海底的泥土。

现在世界上还有古杯动物吗？当然没有了，寒武纪还没有结束，古杯动物就灭绝了。我们只能在化石中一睹它们的风采了。古杯动物的身体大部分都很小，大概在1～3厘米那么长，大的也不过橡皮那么长，要仔细观察才能辨清它们的样子。

从古杯动物的“生平”，我们可以得出这样的道理：懒惰的动物是不会生存很长时间的，不论是谁，都要积极寻找食物和营养，不断壮大自己，才能在激烈的生存竞争中获得成功。

听了古杯动物的故事，亮亮开始大口吃饭了，每顿饭都吃得很香，爸爸妈妈都夸他是最有活力的男子汉。

科学小链接

古杯动物化石大多数都保存在石灰岩层中，与碳酸盐岩的沉积有密切关系。与古杯动物共生的化石还有三叶虫、腕足类、腹足类、软舌螺、藻类等。从这些动植物的共同特征可以看出，它们生活的海域一定是氧气含量丰富的浅海大陆架区域，海水里盐分不高也不低，太阳光能够照射到海底，食物很丰富，海水也很洁净，并且很少发生大风大浪。

第二章 人类的起源之谜

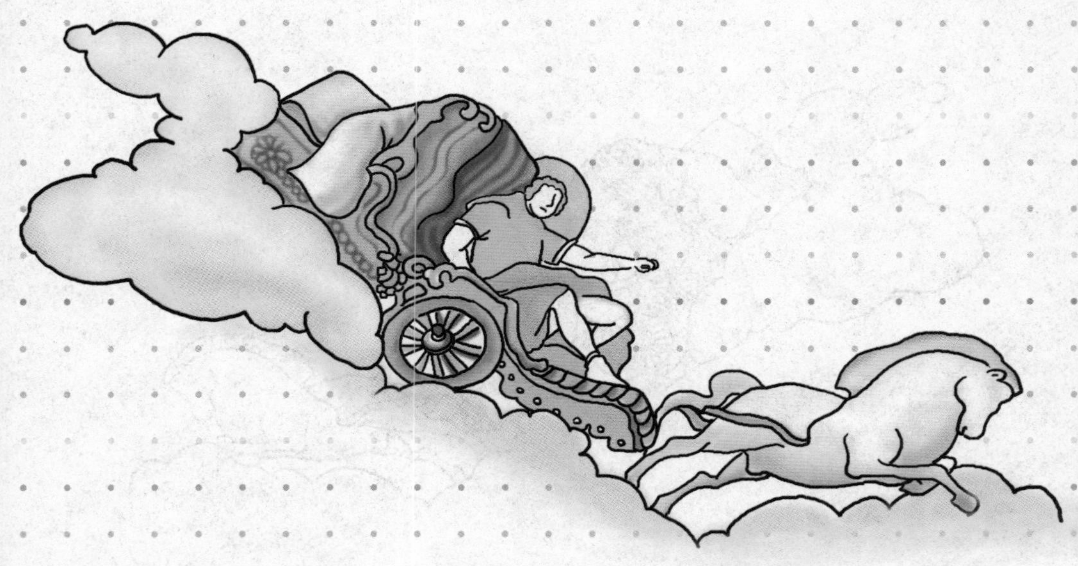

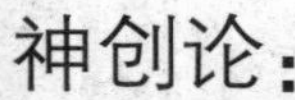

神创论：神创造了人？

刚懂事的小朋友都喜欢问妈妈同一个问题："我是从哪儿来的呢？"

小安也喜欢这样问。开始时，妈妈不知道怎么回答，后来告诉他是从垃圾堆里捡来的。但是小安已经长大了，并不相信。因为小安听说别的妈妈会说，自己的宝宝是从胳肢窝里爬出来的，还有的说是从河边或者从山沟里捡来的。

这些当然都是笑话，但是这说明，想知道自己从何而来是人类的本能思考。小朋友一般考虑的都是自己从哪儿来，大人考虑的可就不同了，他们一般都在思考，人类是从哪里来的。这个问题千百年来考验着人们的智慧，无数科学家、思想家以及普通人都进行了各种各样的想象。

有一次，小安遇到一位老婆婆。老婆婆是位虔诚的基督教徒，会唱很多

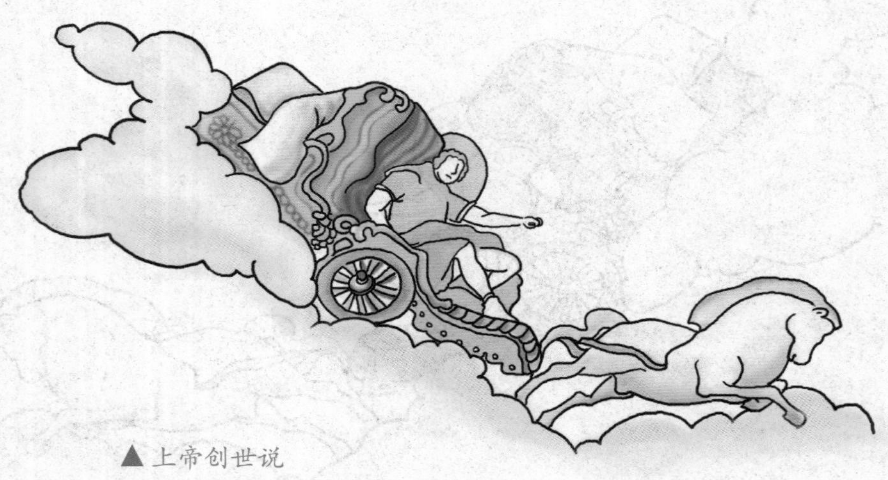

▲上帝创世说

歌，会讲很多故事。老婆婆告诉小安，人类都是上帝创造的。上帝是谁呢？就是耶和华，是基督教徒们所认可的唯一的神。他们认为，上帝创造了万事万物，而且还有具体的时间呢：大概在6000年前，也就是公元前4004年10月26日上午9点钟，上帝创造了地球和万物。

这就是神创论。

按照神创论的说法，地球被上帝创造的过程还是很有趣的。

第一天，神考虑地球上应该有光，于是厚厚的云层变得稀薄，原来是黑暗一片的地球分出了早晨和晚上。

第二天，神想让水分成上下两层，中间有空气，于是天空上飘荡着充满水汽的云层，地面上飘荡着万里大海，云和大海之间有了空气。

第三天，神希望所有的水都聚拢起来，而且想到应该有青草与各种结果子的树木，于是原来到处是水的地球上露出了大地，藏在泥土中的种子开始发芽，长成了树木，结出了果子。

第四天，神根据想象创造了太阳、月亮与星辰，天空中有了太阳与月亮的循环，晚上的夜空缀满了美丽的星星。

第五天和第六天，神创造了水中的鱼，天空中的鸟和地上的走兽，而且按照自己的模样用泥土捏了一个叫“亚当”的男人，让他在长着鲜美果实的伊甸园里居住。

第七天，上帝觉得亚当很孤单，于是趁他睡觉的时候，偷偷从他身上取出一根肋骨造了一个女人，并给她取名叫“夏娃”。这样地球上重新变得生机勃勃，人类也在这五彩缤纷的世界上繁衍生息下去。

这里所说的神就是上帝，是与西方的基督教教义紧密结合的一种说法。我们中国人原来是没有这种想法的。小安的爸爸告诉他：

在中国的神话传说中，原来天和地混沌一片，就像一个巨大无比的鸡蛋一样，一切都在这种混沌的环境中存在着。“鸡蛋”里面有一位老神仙，叫盘古，他本来一直在睡觉。当他醒来后，发觉周围什么也看不见，非常生气，就用双手往上托，双脚往下踏，轻的东西变成了天，重的东西变成了地。

▲盘古开天辟地

为了防止天和地再合起来，盘古的身体每天增高一丈，天和地就每天分开一丈，这样过了很多很多年，天和地再也不可能分开了。盘古也累了，终于在某天支撑不住，倒了下来。他的眼睛变成了太阳和月亮，他的头发变成了森林和花草，他的血液变成和河流和湖泊，他的骨头变成了高山大川，他的肌肉变成了肥沃的土壤，他喷出的气变成了风云，他身上的小虫变成了各种动物。

所以天地的开创是盘古自我牺牲的结果。

后来出现了一位人头蛇身的女神，名叫女娲。她看到地球上没有人类，缺乏生机，就仿照自己的样子用黄土捏成了一个个的小人放到了地上，这些小泥人一站到地上，便成了生龙活虎的人。

女娲认认真真地捏了很多个一样的小人之后，觉得很疲倦，于是用杨柳枝甩出许多泥点，神奇的是，这些泥点儿也都变成了人。女娲也理所当然地成了中国人的祖先，也是中国人最远古的母亲。

听了这些故事后，小安提出一个问题：“如果人是神创造的，神又是谁创造的呢？”

这个问题难住了很多持有神创论观点的人。

因为神创论只是一种传说和想象，并不是真实存在的。这些传说把人放到比其他生物都重要的地位来看，殊不知，万事万物本来平等，都是从无到有、从简单到复杂变化而来的。从人类的发展来看，不是神创造了人，而是人创造了神才对，是人们用自己的智慧想象了神的存在。

1. 什么是基督教?

基督教发源于犹太教，与佛教、伊斯兰教合称为世界三大宗教，全球大约有15亿到21亿的人信仰基督教，分为三个派别。基督教有自己的文字经典《圣经》，认为人类生下来都有罪，耶稣是神的儿子，为了拯救人类被钉在十字架上。基督教认为，上帝是天地间的唯一真神，他创造了天地万物。

2. 女娲补天的故事是什么样的?

传说盘古开天辟地，女娲用黄泥造人，天地一片祥和，人人安居乐业。可是水神和火神交战，水神失败了，生气地用头去撞西方的天柱不周山，导致西边的天塌了下来，天河里的水流入人间，人类大量死亡。为了拯救人类，女娲炼出五种颜色的石头补好了天空，又用神鳌的脚当作天柱，杀死了吃人的猛兽，人类又开始幸福地生活下去。

进化论：从猿到人，突如其来的精神风暴

看了电影《人猿泰山》，小安深深地被泰山那强壮的身体、闪转腾挪的灵活动作和善良可爱的性格吸引了。虽然泰山全身长着漆黑的毛，胳膊比腿还要长，嘴巴大大的，但是泰山从生活习惯到思考方式，都太像一个英勇的男子汉了，怪不得里面的女孩简会爱上泰山。

自从看了《人猿泰山》，小安每周末都央求爸爸带他去动物园玩。去了动物园，他不看鸵鸟，也不看大象，只喜欢看笼子里的猩猩。他发现猩猩吃东西的样子很像人类，它们会把香蕉皮剥开，把里面的香蕉肉塞进嘴里。他还发现猩猩可以像人一样打架，像人一样互相争斗。甚至还有大王和王后等受其他猩猩尊敬的头领。

有时候，小安能听到猩猩们的叫声，听起来好像某一种机器，无法用语言来形容，也猜不透它们要表达的意思是什么。

有一次小安读到李白的诗《早发白帝城》：“朝辞白帝彩云间，千里江陵一日还。两岸猿声啼不住，轻舟已过万重山。”他问爸爸：“当时的猿声到底是什么样的呢？是不是也和大猩猩的叫声一样？”

爸爸说：“当然不同。我们常见的猩猩是一种亚洲大猿，它们的声音很模糊，音量也很小。可是古书里记载，在中国三峡附近，猿的声音非常亮，传得很远。古人唱的歌里面有‘猿鸣三声泪沾裳’的句子，意思是猿叫了几声，人都要哭出来了!”

为什么我们听猴子的声音都没有这种共鸣呢？这是因为猿和人的亲缘关系最密切，和人的习性也最相似。当你看到猴子的动作，会觉得它们太聪明了，和人太神似了，如果见到了猿，那才是“惊为天人”呢！

▲黑猩猩

猿和人确实很相似，猿的心房和人一样都有2个心耳，2个心室，猿和人都有两对门齿，胸前都有1对乳房，所以人和猿都属于灵长类，都是灵敏的高等哺乳动物。

生物学家认为，百万年前的类人猿，因为生活条件的改变，必须从树上下到地面上，用后肢行走，手和脚开始分工，手也就变得灵巧起来，腿脚变得有力起来。这种发展变化了的类人猿渐渐变成了原始人。所以说，类人猿就是人类的祖先。

1858年，生物学家达尔文发表了关于进化论的论文，人们称它的学说叫自然选择学说。达尔文的学说一发表，立即引起了巨大反响，人们纷纷表达了对达尔文进化论的佩服，认为这是关于人类起源和进化的最科学的解释，直至现在，达尔文的学说仍然深刻影响着人们的思想，可以说那是一场精神的风暴。

达尔文认为，地球上的物种是在不断变化的，生物永远都在进化当中，并没有永远不变的生物。那么生物为什么会不断变化呢？最大的原因是自然环境的变化。自然界中存在着优胜劣汰的法则，促使那些适应环境的生物存活下来，不适应的被淘汰。与此同时，生物的变异不断积累起来，时间长了，新物种就出现了。人就是在这种选择中产生的。

如果把人类早期的头骨化石与猿的头骨进行比较，你会发现，两者十分相似，简直难以区分谁是人，谁是猿。达尔文指出，大约在新生代第三纪末期的

冰河时期开始，类人猿的一部分进化成了人，另一部分没有进化，到现在仍然是猿。所以，人和猿有着共同的祖先。

小安问爸爸："为什么同样都在进化，人比猿要聪明多了呢？"

爸爸给小安找到了恩格斯的一篇文章《劳动在从猿到人转变过程中的作用》。小安读得半懂不懂，爸爸告诉他，在恩格斯看来，原始人会劳动，而猿不会。由于劳动很复杂，所以人的大脑会不断得到锻炼，同样，人的手会越来越灵活，为了劳动时互相合作，人还会运用各种各样的语言。所以，有了劳动，才有现在聪明的人类。任何懒惰的生物，都只能保持原来的样子，或者灭绝。

"那我也要劳动！"小安高声说。

"那么，就从小事做起吧，做力所能及的事，打扫卫生，收拾家务，自己动手穿衣吃饭，长大以后，做一个聪明的、有本领的人！"爸爸肯定地点点头。

科学小链接

猿和类人猿

猿是灵长目人猿总科动物的共同名称，我们常常说"猿猴"这个词，但是猿和猴并不一样。猿比猴大，而且没有尾巴。早期猿类出现在大约2500万年前，现在的猿类包括4种：长臂猿、褐猿、黑猿和大猿。后三种猿因为太像人，所以叫作"类人猿"，它们是人类的"表兄弟"。

起源地的纠纷：我们的祖先来自何方?

班里来了一位与众不同的新同学，她来自欧洲，有着金黄色的头发和波斯猫一样的蓝色眼睛，鼻子也比我们的高多了，看起来有点像鹰，而且皮肤出奇的白，好像涂了一层发光的涂料，最有特色的是她的语言，常常说一些英语和别的语言，偶尔说点中国话，大家听起来都怪怪的，很想笑。

新同学和小安成了同桌，开始小安不知怎么和她交流，但是小女孩非常开朗，总是主动和小安说话。她说的都是刚学的中国话，小安要仔细听很长时间才能猜得透。慢慢地，两人成了好朋友，小安知道她的名字叫露西，是从法国来的。

有一天下课，小安好奇地问："中国人和欧洲人的样子太不一样了，我们真的都是由同一个祖先进化来的吗？"

▲北京猿人

"当然，"露西说，"人类的祖先在欧洲，就在离我家不远的地方。"说完，露西一脸骄傲，好像比所有人都显得优越。

小安很不服气地说："不会吧，我们中国人的历史是很长很长的，人类的祖先一定在中国。"

两人你一言我一语地争论了很久，然后决定去请教老师。

老师首先表扬了他们善于思考的行

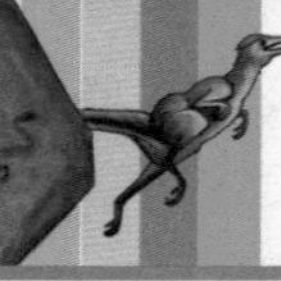

为，然后介绍说，100多年前，人们在欧洲的土壤中进行挖掘时，发现了很多古人类的遗址和最早的古猿化石。当时，我们中国还没有找到过古人类的痕迹，所以很多人都认为人类起源于欧洲。

听了这些，露西马上插嘴说："看，我说得没错吧？这个最早的古猿化石就是在我们法国发现的。"

"可是，不久之后，人们在亚洲、非洲的很多地方也都发现了早期人类的化石遗骸。"老师接着说，"比如1927年，科学家在北京的一个山洞里发现了大量古代人类生活的痕迹，像劳动工具啊，烧烤食物后剩下的灰堆啊，都证明'北京人'也有很久远的历史。"

"那么，人类是起源于北京了？"小安问。

"其实也不是，随着人们不断地探索、挖掘，印度附近也发现了古猿的骨头碎片，就又有人认为，人类起源于南亚。然后，还有人认为人类起源于中亚、北亚等很多地方。"老师补充说。

老师的话让大家很迷惑，到底哪里才是人类最早的起源地呢？

其实，就算是研究多年的科学家们也无法确定到底哪儿才是人类真正的起源地。古生物学家通过对古猿化石的研究，认为人类起源的地点是亚洲和非洲两个地区；分子生物学家经过研究却发现，与人关系最近的猿叫黑猩猩，黑猩

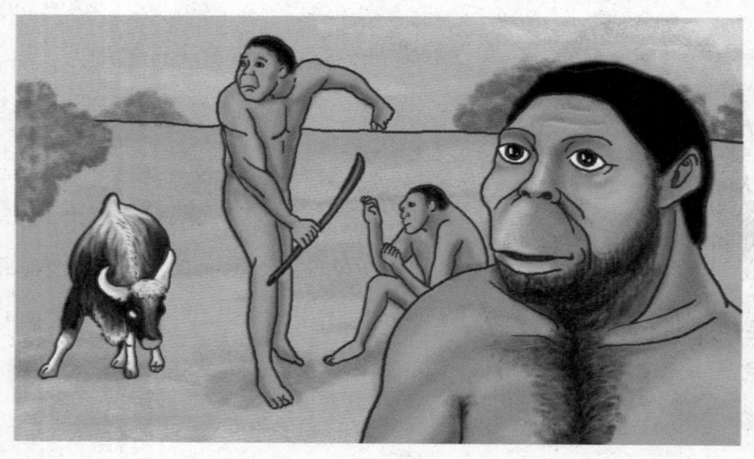
▲南方古猿

猩的故乡在非洲，所以人类起源于非洲。

经过科学家们的不断交流，他们得出结论：最古老的人类是非洲的南方古猿，他们生活在距今大约400～200万年前，长得很矮，大概只有小学生那么高，脑子的容量比现代人要少，但是可以站起来走路，还能使用工具。他们后来演化成了早期的人类。

那么，他们是怎么从遥远的非洲到达全世界的呢？

也许在很久以前，非洲有个名叫“夏娃”的女人生育了很多后代，她的后代们不断迁徙，来到欧洲、亚洲等各个地方繁衍生息，后来世界各地这些住在洞穴里的人都逐渐变成了我们现在的样子。

为什么说“很久以前”呢？因为北京山洞里的早期人类距现在就有50万年了，而云南的“元谋人”生活的年代距现在竟然有170万年。

由于时间很长，世界各地的环境也有很大不同，人类的样子也在不断变化，有的头发是金黄的，有的是乌黑的，有的皮肤是白的，有的是黄的，还有的是黑的。但不论如何，我们都有一个共同的祖先，那就是生活在非洲的远古人类。

科学小链接

1．北京人

北京人还有一个名字“北京猿人”，是一种能够直立行走的古人类。他们的化石存在于中国北京西南方向的周口店龙骨山的一个山洞里，距现在大约50万年。他们把石头打磨成石器作为工具使用，还能把骨头磨成细细的针来缝制衣服。他们使用火种把食物烤熟来吃，一起劳动，一起休息，过着群居的生活。

2．南方古猿

南方古猿的生活年代在距今400～200万年之间。1924年以来，在南非的很多地方都发现了古猿的骨头化石。后来在非洲的很多国家也发现了这种古猿的化石。经过研究发现，当时的古猿能够像猿一样爬上树摘果子吃，但也已经会直立行走，虽然走得不太稳当。他们的身高大部分在140厘米左右，体重约60千克，脑容量是现代人的1/3。

人类起源的四个时期：艰难的进化旅程

法国女孩露西是位很好奇的小朋友。一次她去过动物园后，神神秘秘地对小安说："你知道吗？人真的是由猩猩变来的，昨天晚上我们全家去动物园玩，临走的时候，天要黑了。看不清猩猩的样子，但是听到猩猩的哭声了。"

小安很奇怪："猩猩也会哭吗？"

"是呀，不仅哭，而且我觉得这些猩猩就要变成人了！"

这句话说得小安有点好奇，又有点害怕。猩猩变成人？会有这么快吗？

露西说："不信我带你去听听，猩猩哭起来和婴儿哭泣是一样的。"

小安听了之后哈哈大笑，说："你错了。"

小安是见过亚洲猩猩的，它们一律长着红色的毛，长长的胳膊垂到地上，腿看起来很短，所以不太会走路。它们大部分时候用胳膊在树枝之间来回游荡，当下到地面上的时候就会摇摇晃晃地走路，腆着大肚子，特别滑稽。猩猩也会哭，但是哭的时候只有一点点泪水，是发不出声音的。我们听到它们有时候像婴儿在哭泣的声音，其实只是猩猩的叫声，并不是它们在哭。

经过认真查阅资料，小安告诉露西，从猿到人，并不是一下子就完成的，那是需要漫长的演化过程的。

第一步，从古猿到"能人"。开始的时候，南方古猿和猿没有什么区别，但是由于森林的消失，它们被迫从树上到地面上生活，渐渐地学会制造工具，并利用石头磨制的工具来捕捉野兽。它们吃的东西不仅仅是果实，而是开始吃肉了。它们的大脑容量变大，腿开始变长，手变得灵活，已经比猿聪明多了。这就是生活在距今180万年左右的"能人"。

第二步，从“能人”到直立人。直立人生活的时间大概在170万年到20万年之前，不仅我们中国的北京、云南、陕西等地有直立人的化石，印度尼西亚的爪哇岛也有。它们更加聪明，开始能够把自然界的火留存下来，让它不断燃烧着，既能取暖，又能烧烤食物。

第三步，早期智人。光看这个名字，就知道他们很有智慧了吧？他们生活在距今20万年到4万年之前，虽然看起来长得与猿有点类似，但是他们竟然能够通过摩擦来取火，不再依赖自然界的天然火了，这可是猿类做不到的事情啊！

第四步，晚期智人。约4万年前，全世界的人已经出现了不同的皮肤颜色，有黄色、白色、黑色，还有棕色。因为地理环境不同，人的长相也不相同。比如非洲特别热，太阳很毒，为了防止紫外线的照射，他们的皮肤变得很黑，为了利于隔热，他们的头发也卷曲起来。欧洲北部天很冷，为了有利于加热冷空气，当地的人鼻子很长，而且高高地隆起来。所以，人种由不同地理环境决定，不分智力高低。

晚期智人不仅能够在水中打鱼，还能够在田野里奔跑着追捕大型动物作为自己的美餐。另外，他们还变得爱美起来了，北京的山顶洞人就学会用骨头做

▲人类进化图

（从左到右分别是：南方古猿、能人、直立人、早期智人、晚期智人）

很多装饰品挂在胸前，看起来非常漂亮。只有人才会爱美，所以他们已经属于真正的人类了。

所以说，人类的演化可不是几年就能完成的，往往需要几百万年的历史。

科学小链接

1.能人

能人又叫“东非人”，指的是1960年在坦桑尼亚的奥杜威河谷发现的一种古猿化石。他的头骨很薄，尾巴部分的骨头不明显，脑容量有637毫升，大概是现代人的一半。他的脸比南方古猿小，能够直立行走，两只手能互相握在一起，身材矮小，大概1米多一点。但能够制造石器，属于人类进化的第一个时期。

2.原始社会人们的生活

根据人类使用工具的不同，我们可以把原始社会划分为三个石器时代：

旧石器时代（约300万～200万年前至1万年前）、中石器时代（约1万年前～8000年前）、新石器时代（约8000年前～4000年前）。

旧石器时代的人类，用简单打击的方法制造出各种各样的石器，能够砍、削，还能够钻孔。中石器时代的人类，打制的石器很细致，还能够制造弓箭，来射中较远的动物。新石器时代的人类，用磨制的方法制造石器，还能用土烧制成陶器，盆、碗、酒壶就都出现了。新石器时代的人，不仅打猎和采集，还能够种植庄稼，农业发展起来，人们富裕多了，生活逐渐安定了下来。

著名的露西化石：第一个直立行走的人

2010年的夏天，小安和爸爸妈妈一起参观了上海世博会。这次的参观让小安大开眼界，了解了世界上很多国家的风采。通过游览小安才知道，原来世界是这样丰富多彩，有的国家有奇特的舞蹈，有的有好吃的食物，有的有先进的科学技术，有的有好玩的玩具，真是应有尽有。

来到非洲馆的时候，小安看到一个展台前的人格外多，人们都挤在那里看什么呢？小安和爸爸妈妈等了很长时间，才看到这个像人那么高的玻璃橱窗。呀！里面不是别的，竟然只是一具人的骨骼。骨骼有什么好看的？博物馆里不是有很多吗？

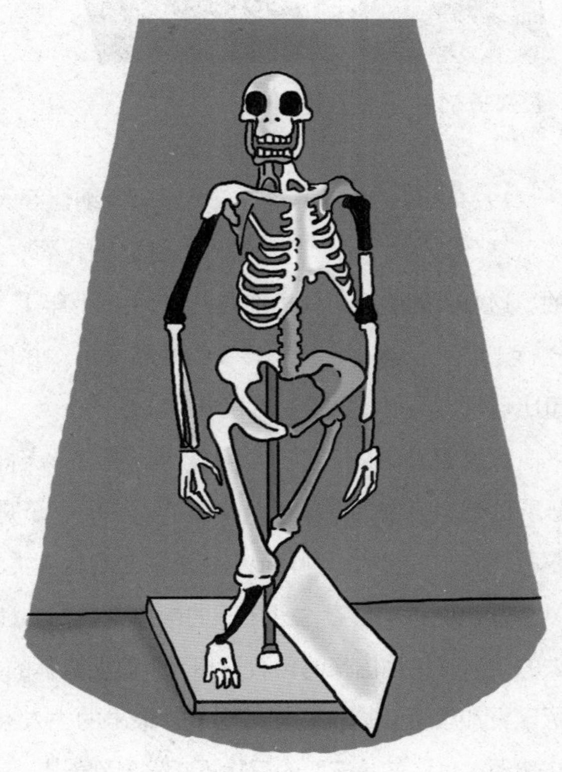

▲橱窗里的露西化石仿制品

负责介绍的叔叔说，这具骨骼可不简单，它展示的目前发现的人类最早的祖先——露西的骨骼化石。由于“露西”太珍贵了，现在大家看到的也只是她的复制

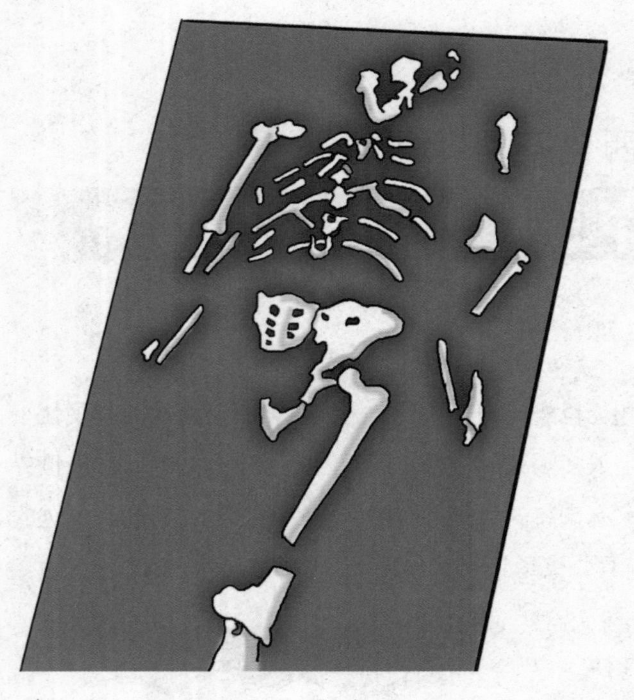
▲露西化石

品而已。她所属的国家埃塞俄比亚更是把她当成国宝一样看待，很少允许她出国巡展。有一次，“露西”到美国展出，科学家们都十分愤怒，认为这样会损伤脆弱的“露西”化石，在他们看来，“露西”化石只能在当地才能得到最妥善的保管。

小安听了之后禁不住肃然起敬。一具化石真的这么珍贵吗？

当然！

1974年的一天，美国古人类学家唐纳德等人在非洲东部的埃塞俄比亚的一块低洼的地方，发现了一些人类骨骼的化石，经过研究这些骨头是同一个人的。这个人的生活年代离现在已经有320万年了，她不仅是至今发现的第一个直立行走的人，还是一位20多岁的妙龄女子，并且还生过小孩呢！虽然她的脑容量比现代人小很多，但是她确确实实是一个人，不是一只猿！

大家都很高兴，举行了隆重的庆祝会。庆祝会上，大家播放了一首披头士乐队的歌，名字叫《钻石天空中的露西》，于是就给这位女子起名“露西”。露西是南方古猿的一种，很有可能就是现代人类的祖先。

爸爸说：“你看这具化石的颜色分为白色和黑色，黑色的部分是后人加上去的。当时挖掘出来的化石只相当于露西身体的40%，并不完整。因为不完整，所以更加珍贵。这也更加证明了，最早的类人猿在非洲，人类的祖先也很可能在非洲。也许就是露西的后代不断发展到能人、直立人，一直到智人的。”

回到学校后，小安兴奋地找到自己的同桌——这位也叫露西的女孩。

小安问露西："你知道你的父母为什么给你起这样的名字吗？"

露西说："当然知道，因为我的爸爸妈妈都喜欢听披头士乐队的歌，其中有一首歌中有露西的名字，所以就叫我露西。"

小安说："你知道吗？人们发现最早的古人类化石的时候，听的也是这首歌，还给那位古人类起了个名字，也叫露西呢！"

露西吃惊极了，原来简单的名字背后还有这么有趣的故事呢，真是最有"历史"的一个名字，一定要以它为骄傲。

科学小链接

南方古猿阿法种

存在于非洲的南方古猿最早的类型，就是以埃塞俄比亚的一个地方命名的阿法种。他们生长于390万～290万年前，身材修长，脑容量还不到现代人脑的1/3，牙齿和人很相似，但是犬齿非常特别。他们的样子还很像猿，尤其是下巴特别突出，胳膊也很长，也许是因为需要常常在树上攀爬。他们走起路来和人类相似，与黑猩猩不同。一般来说，雄性体形很大，雌性体形较小，他们常常由一头雄性带领几个雌性建立一个家庭。

露西的孩子：地球上最古老的小孩

老师跟小安说："露西是迄今为止发现的人类最早的祖先，她被称为'人类的母亲'。"

小安马上说："既然露西是'人类的母亲'，那么她生的小孩应该是最早的小孩了吧？"

大家都点点头，表示认可。那么露西孩子的化石有没有被发现呢？当然没有那么巧合的事。但是当露西被发现以后，科学家们对位于埃塞俄比亚的这个叫阿法种的偏僻地区发生了浓厚的兴趣，许多年来，科学家们在这里又挖掘出了很多阿法种的南方古猿。

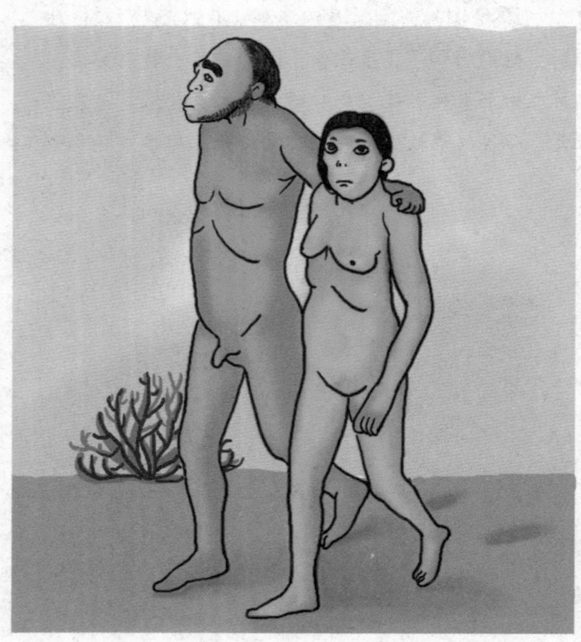

▲南方古猿阿法种生活复原图

最让人记忆深刻的是2000年，一个小女孩遗骨化石的出土了。

一天下午，一位叫阿莱姆塞吉德的科学家带领自己的朋友在露西化石出土的地方附近进行挖掘，在大概距露西4公里的地方，他们首先看到一个小脸的骨头露了面，它看起来很像人的头骨。

大家都很激动，但是又非常小心，生怕弄碎了这块骨头。他们用牙医用的一种小工具轻轻地清理掉骨头周围的石头，一干就是5年，然后才把这具小孩化石的主要骨头都整理出来。

这样费尽心思挖掘出来的骨头，应该取个什么名字呢？他们叫她“塞拉姆”，意思是“和平”。

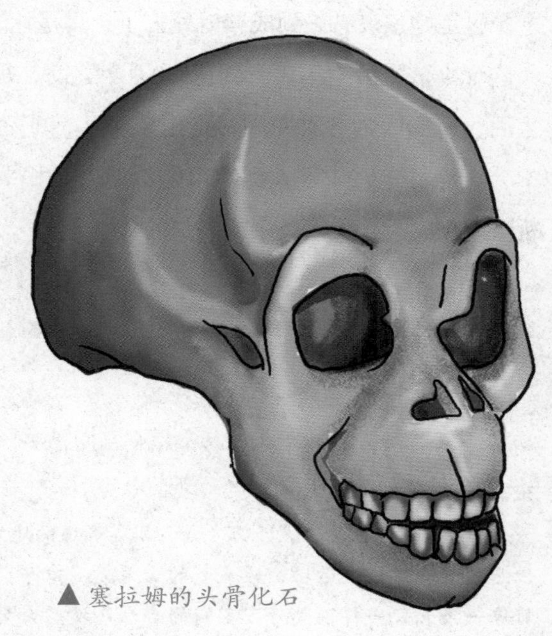

▲塞拉姆的头骨化石

小和平其实才3岁，她的头和身体几乎是完整的，只是手和脚还有找不到的部分。大家都觉得很宝贵，因为儿童的骨头很脆弱，能够保存到现在很不容易。看看她的膝盖骨，比一个核桃还要小呢。

她这么小，是怎么去世的呢？经过研究，她可能是因为生病被放在了有水的地方，也可能是不小心掉进了水里，就死掉了。大家觉得还是生病的可能性要大些。因为她生前是非常灵活的，不会那么轻易掉进水里死掉。

她的手指很长，是弯曲的，能够牢牢抓住高处的树枝，在树和树之间甩来甩去，也不会掉下来。她的胳膊很长，而且和腿差不多粗，经常把胳膊高高地举过头顶，去采摘高处的果实，也能够牢牢抱住她的妈妈，无论妈妈怎么跳跃，都不会摔到地上。她的妈妈因为身体太重，已经很难爬到树上了，但是小和平却能轻易地爬到树上玩闹，还能在树上睡觉呢。

她也有弱点，那就是走路走得并不好。由于经常在树上，所以她的腿脚不够灵活，走起路来摇摇晃晃的，更何况是跑步了。一旦她要在地上跑，必须手脚并用，看起来和大猩猩没什么两样。只有等她长大了，才能稍微稳当地在地

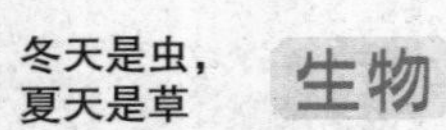

上走。但是她还没有等到成年就死去了，真是让人同情的小孩！

这个小孩生活的年代大约在330万年之前，那时候的南方古猿有的还在树林里生活，有的因为各种原因，走出了森林，或者在树木较少的地方生活，渐渐地学会直立行走，成了人类的祖先。如果小和平没有去世，她的后代肯定也会不断繁衍，成为今天人类中的一员的！

科学小链接

东非大裂谷与人类起源

一些科学家认为，几千万年前，沿着赤道的地方本来有大片的森林横跨非洲。但是随着地球板块运动，地底下的岩浆喷涌出来，非洲东部形成了一条大裂谷，好像一条天堑一样，隔开了不同的自然环境。大裂谷的西部仍然是森林的国度，现在的大猩猩、黑猩猩继续在那里生活。大裂谷的东边却变成了旷野，那里的南方古猿不得不适应地理环境，走下树来，直立行走，成为了人类的祖先。

本能劳动与创造劳动：古猿能变人，现代类人猿也能吗？

电视上，一只大猩猩在主人的训练之下，能帮助主人提包、做饭，还能够照顾小狗呢。它用绳子牵着小狗到公园里去玩，小狗并不听话，它就用人类才有的方法哄它、逗它、拿骨头引诱它。当主人故意躲起来不见大猩猩的时候，大猩猩就非常孤单，非常烦躁，它到处张望，寻找，最后竟然坐在地上耍赖，还哭了。

天哪！这是一只大猩猩吗？简直就是活生生的人呀！

小安给露西举了很多例子，来证明大猩猩太聪明了，完全可能变成人。比如看到人在抽烟，它也捡起地上的烟头抽，时间长了，它竟然上瘾了，没有烟抽就很痛苦，到处找烟。看到人把核桃砸开吃里面的核桃仁，它也用石头砸开。看到人拿土块当馒头来欺骗自己，它很生气，立刻把土块扔给那个欺骗它的人。它可不是好骗的，人有的脾气它也有！

露西却说，这只是猩猩的本能罢了，离人还差得远呢，再给它们几万年，也不能变成人。

小安和露西一起找老师，问问谁的观点对。

▲ 早期人类的生活场景模拟

老师说："你们两人

说得都有一定道理。小安观察很细致，看到了现代类人猿和人有很多共同点。类人猿不光能和人一样梳头、刷牙，还能穿针引线，如果你们看到过猿类的婴儿，你们一定会更加吃惊的，因为这些婴儿哭、笑和害怕的表情都和我们人类的宝宝一模一样。猿类的身体也和我们人类长得很像，比如人会得阑尾炎，猿也会得。”

“那类人猿是不是能够变成人呢？”露西问。

“当然不能。”老师接着说。

自然和动物的演化都是需要时机的。大概在300万年前，地球上的气候变化特别大，常常出现冰雪覆盖的情况，等温暖一段时间，又有长期的冰雪覆盖。热带地区不再一直下雨，而是有时下雨，有时干旱。于是森林减少了，草原增加了，古猿中的一部分逐渐转向地面生活。它们的手就不能只用来爬树，而是用来摘果子、扔石块，还要搭帐篷盖房子，抵抗野兽的袭击。那时候的环境很危险，它们一大群一大群地生活在一起，慢慢学会了制造越来越发达的工具。等双手解放了，工具制造了，它们的大脑发育得越来越高级，就变成了聪明的

▲ 大猩猩的走路方式

人。所以，解放双手进行创造性的劳动才是变成人的关键，这也是为什么会有“心灵手巧”这个成语的原因。

“可是现在的猿也都纷纷下地生活了，还会模仿人，不是更容易变成人了吗？”小安说。

“现代类人猿和古猿是不同的。”老师介绍说，“亚洲的长臂猿和褐猿大部分都还在树上生活呢。非洲的大猿和黑猿——就是我们常常说的大猩猩、黑猩猩——因为太笨重，所以在地上生活，但是它们可不是直立行走的，因为它们太适应树上生活，所以前肢都很长，比后肢还要长，它们走路的时候，都是靠自己双臂的拳头支撑着地面，又像爬又像走，再也不能把双手解放出来做别的事情。没有自由的手，就不能进行创造性的劳动，因此也没有办法变成人。”

有时我们看到大猩猩会用石头砸核桃，这只是一种本能的劳动罢了，还不是真正的劳动。要它们像人一样盖房子、做衣服、用筷子吃饭，或者种庄稼、养殖动物，是永远不可能的。

科学小链接

人类劳动和动物劳动的区别是什么呢？

1. 人类劳动的标志是能够制造工具，并且能用这些制造的工具改造自然。只有人能做到这一点，猿也能劳动，能使用简单的工具，但是它们使用的都是天然的工具，像石头、树枝等，它们是不会自己制造工具的。

2. 人类的劳动是有目的的，经过思考的；动物的劳动，比如挖洞、搬东西，都是盲目的，是一种本能，连它自己也不知道为什么要这样做。

3. 人类的劳动能改造自然界，比如砍伐森林建造高楼大厦，建造防洪大堤等，可以使自然界发生很大变化，但是动物只能适应自然，是无法改造自然的。

第三章 可爱的脊椎动物

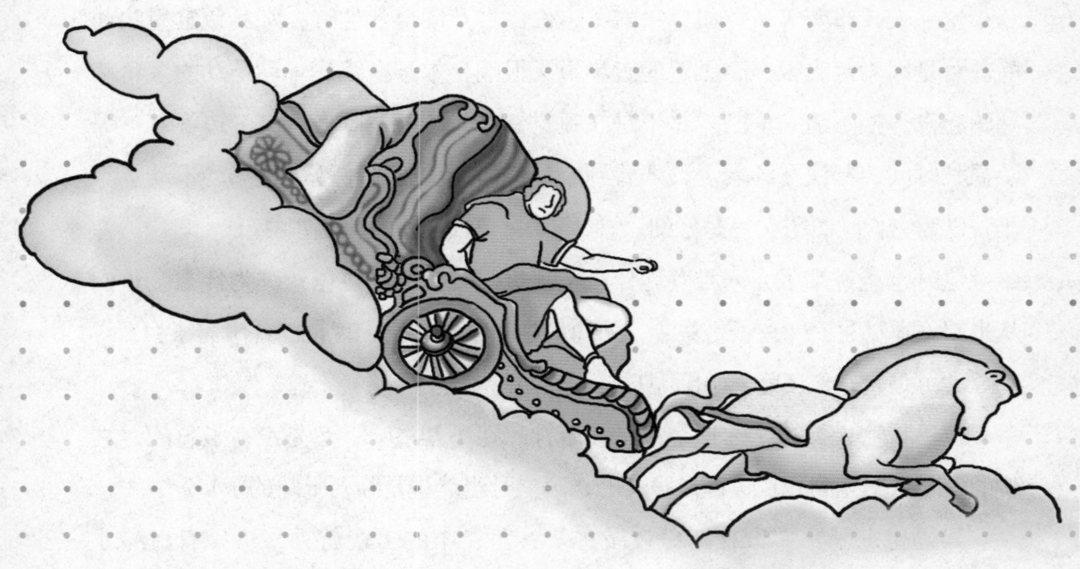

鱼怎么睡觉：从不闭眼睛的鱼

雅萱很喜欢养金鱼，妈妈为她买了很多五颜六色的金鱼，还有一个很大的鱼缸。鱼缸里有黑白颜色的小石子，还有一株绿色的大水草。金鱼们每天在浴缸里游来游去，可自在了。透过鱼缸，雅萱天天与金鱼说话，金鱼也睁着大大的眼睛，好像能听懂似的，摆动着它们那蒲扇样的大尾巴，作为对雅萱的回答。

时间长了，雅萱发现，这些金鱼怎么从来不睡觉呢？不论什么时候，它们不是在游来游去，就是在水中间钻来钻去，就算是停在石头上，只要你轻轻一弹鱼缸，它们就会像离弦的箭似的，“唰”地飞出去，在水中上下打着圈。难道它们睡觉的时间是在晚上？

这一天，雅萱等爸爸妈妈睡着了，偷偷打开阳台上的灯，观察鱼缸里的动静。可是因为灯光很亮，雅萱的脚步声又很响，本来在水底一动不动的金鱼都翻腾起来，搞不清它们刚才是不是在睡觉。她只能托着腮在鱼缸旁边等着，等了很长时间，都快要睡着了，才看到金鱼们慢慢地躲到水草旁边一动不动了。雅萱以为它们睡着了，可是仔细一看，不对，它们还睁着眼睛呢！

这时爸爸过来了，问雅萱为什么不睡觉。雅萱反问爸爸：“为什么金鱼们从来都不睡觉呢？”爸爸观察了一下鱼缸说：“嘘！它们现在已经睡着了！”

“可是，它们还睁着眼睛呢！”

爸爸哈哈大笑：“你这个小‘夜游神’还不知道吧，鱼是没有眼睑的，它们的眼睛从出生到死亡，都是睁开的，睡觉时当然也是睁开眼睛的了！”

妈妈也来了：“谁在叫‘夜游神’？鱼类中的‘夜游神’可只有海鳗才

称得上。海鳗白天都在海底的洞穴里睡觉，到了晚上它才出来捕食，和人不一样，和一般的鱼也不一样。我们是比上不它的哟！”

鱼和人一样，活动多了都会感到累，它们的中枢神经系统只有通过休息，才能重新焕发活力。但是鱼的眼睛和人的大不相同，人类是有眼睑（就是平常所说的眼皮）的，所以累了以后，就会合上眼睑,在黑暗的世界里得到最好的休息。但是鱼是没有眼睑的，全世界的2万多种鱼，只有真鲨等少数的鱼有一小部分眼睑，但就算是真鲨，在睡觉的时候也是半睁着眼睛的。所以只靠眼睛看，你是看不出鱼儿是醒着还是已经入睡了。

也许你会说，当鱼儿们沉到水底不动的时候，不就是入睡了吗？不是的，鱼睡眠时所在的水层各不相同。河豚睡着的时候和金鱼一样，静静卧在水底，一动也不动。比目鱼则平时趴在水底，等睡着了就会漂浮到水面上来。幼鳐更奇怪了，平时成群结队地在水面到处游玩，到了晚上就分开了，各自找一个安静的海底角落去睡觉，只要有一点点动静，它们就立刻醒来，回到水面后还能够找到原来的朋友，重新结成队伍，浩浩荡荡地向前游。

既然鱼也会睡觉，我们是不是可以趁它们睡着的时候抓住它们呢？这其实很难，因为就算鱼儿真的睡着了，一般也很难把它们抓住。因为鱼睡觉的时间很短，刚打一个盹就醒了。而且它们睡觉时非常警觉，你还没有伸手呢，它就

▲比目鱼

感觉到了，想抓住它是难上加难。

当然也有例外。有一种丁鱼，到了冬天就冬眠，把头埋到淤泥中，你把它从泥里掘出来，它都不醒，非得用棍子敲一下，它才知道怎么回事。非洲有一种泥鱼，如果河里没有水了，它就用泥巴在自己周围围一个硬硬的外壳，像鸡蛋一样，留出小孔供自己呼吸。它会一直睡觉，直到大雨到来，河里重新有了水。

最可爱的要数鹰嘴鱼了。鹰嘴鱼困了的时候，就吹一个大泡泡，自己钻进泡泡里呼呼大睡，就像在一个大睡袋里一样，既安全又舒服。

最安全的应该算是花海猪鱼。夜晚到了，它会钻到沙子里，一动不动地睡大觉，谁能发现它呢?

最不安全的当数隆头鱼，它睡着的时候身体会横卧过来，身体的侧面朝上，就像人把胳膊压在身体底下睡觉一样。隆头鱼睡着的时候，你会以为它死掉了，谁知忽然之间，它就翻过身来，“哧溜”一下游走了。

什么是眼睑?

眼睑就是我们平常说的眼皮。当有杂质飘到眼睛附近的时候，我们的眼睑能够很快合上，眼睛就得到了很好的保护。当我们睡觉的时候，合上眼睑，使我们能够安然入睡。眼睑还能把眼泪传播到眼球的各个地方，起到清洗眼睛的作用。大部分鱼是没有眼睑的，既不能合上双眼，也不能流眼泪。睡觉的时候，鱼儿睁着眼睛，但其实什么都看不到。

雄海马的育儿袋：小海马是爸爸生的

雅萱最近发现妈妈没有去上班，而且妈妈的肚子比原来大多了，走路的时候要常常扶着墙歇一歇，到公交车上，大家都给妈妈让座。最重要的是爸爸，对妈妈特别关心，常常陪着妈妈散步，还趴到妈妈的大肚子上去听。原来妈妈怀孕了。

雅萱也学着爸爸的样子，趴到妈妈的肚子上听一听，然后问妈妈："里面住着一个小弟弟或小妹妹吗？为什么他不早点出来和我玩呢？"

妈妈说："小宝宝太小了，他的身体很柔弱需要保护，妈妈的肚子就是最好的育儿袋，他在里面非常舒服，而且不用怕刮风下雨，很快就会长大的。"

"可是，为什么爸爸的身上没有育儿袋，不让宝宝住到爸爸的身体里呢？"

妈妈听后哈哈大笑。是啊，谁见过宝宝在爸爸的身体里生长的呢？我们身边的大部分动物——主要是哺乳动物，包括人类，不都是靠妈妈的营养出生、长大的吗？爸爸虽然也保护我们，但是在我们还没有出生的时候，可都是在妈妈的"育儿袋"里的哟。

"那世界上有没有什么动物是由爸爸生的呢？"雅萱问道。

"有的，海马就是这样的一种动物。"爸爸介绍说。

海马是一种非常奇怪的鱼类。它们生长在离陆地不远处的海底，那里有很多红色的、白色的珊瑚，像公园的树木一样，被海洋公公栽培着，还有红色的、绿色的海葵，像春天的月季、牡丹一样铺在海底，简直就是美丽的"水晶宫"。

在这个“水晶宫”里，生长着靠跳跃前进的海马。它们个头不大，小的像橡皮，大的也不过像圆珠笔那么长。它们的头像国际象棋里的马，所以叫海马。它们拖着能够卷起来的尾巴，非常灵活，只要尾巴一卷，一弹，海马就往前进了一大步。它们的背上有一个彩色扇子一样的鳍，帮助维持平衡。海马是站着前进的，和一般的鱼真不相同！

最奇怪的是海马宝宝的诞生过程。到了生育季节，海马的爸爸和妈妈终于找到了对方。为了庆祝团圆，它们会整天整天地贴在一起跳舞，表达对对方的思念和爱慕。连续跳了几天后，它们已经非常熟悉了，愿意共同孕育一群可爱的海马宝宝。

于是海马妈妈的肚皮紧贴海马爸爸的肚皮，把自己身体里的卵用一根管子输到海马爸爸肚皮上的育儿袋里。这时候海马爸爸身体里的精子会找到一个合适的卵子，结合后就成了一个原始的海马胚胎了。

这些胚胎非常柔弱，它们需要很多氧气和养料，需要足足一个月才能从育儿袋里出来。在这过程中，海马爸爸通过育儿袋把营养传给小海马，妈妈则每天早上来探望海马爸爸，和他一起跳舞，让他能够高兴地养育小海马。

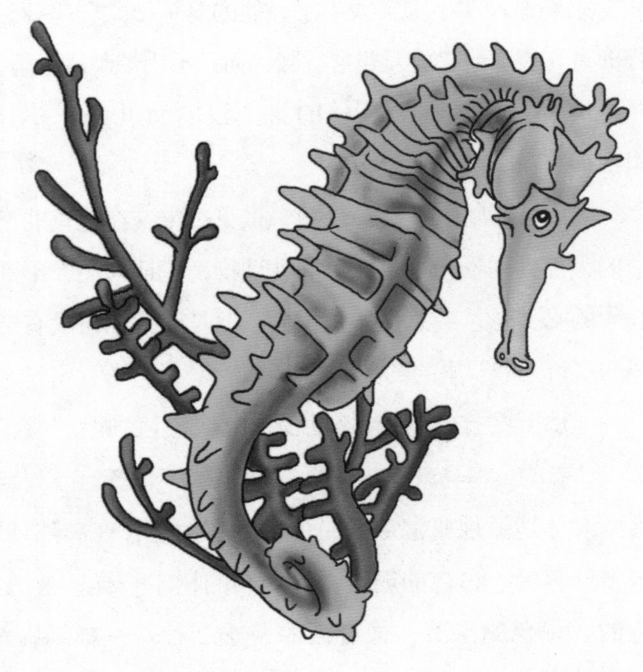
▲“怀孕”的海马爸爸

终于小海马要出来了，爸爸的育儿袋原来是又小又透明的，这时已经变得又大又黑，但是非常柔软，育儿袋的袋口变得很大，足够小海马钻出来。海马爸爸先用尾巴勾住一棵海草，用尽力气弯曲身体，再伸直身体，育儿袋的开口越来越大，小海马就像有风吹一样，从袋里飞出来，蹦蹦跳跳，可爱极了。

听到这里，雅萱忽然记起了在幼儿园里学的一首歌："说马不是马，海里面长大，妈妈生宝宝，爸爸来孵化。"

"为什么海马不像其他的鱼一样，把卵产在水里呢？"雅萱问爸爸。

"这是因为海马非常弱小，在海里，谁都可以欺负它。如果它把卵产到水里，是无法保护它们的，很快就会有大量的鱼把海马的卵吃掉。所以，保护海马卵的最好方法是在育儿袋里养育它们，等它们长得大一些了，能够不断跳跃、逃避敌人的时候，再让它们回到海洋里。真是用心良苦啊！"

雅萱跷起大拇指说："海马的爸爸真了不起！我们一定要保护海马，让它们不再受到人类的侵害。"

科学小链接

鱼类的繁殖

大部分鱼类的繁殖采取的都是体外受精的方式。雌鱼把卵排出体外，雄鱼游过来之后把精子排到卵子的身边，让它们受精，最后长成小鱼。鱼卵在成为小鱼以前会在水中飘荡，鱼的爸爸妈妈也无法保护它们，所以大部分鱼卵都被别的动物吃掉了，只有少数能够生存下来。但是鱼的产卵数量很大，一次能产几百万个，只要我们不去破坏鱼的生活环境，它们还是能够不断地繁衍下去的。和其他鱼类不同的是，海马每次的产卵数量只有100个左右，所以，海马爸爸的育儿袋是对它们最好的保护。

蛇的运动方式：没有脚也爬得快

雅萱和那些男孩子们截然不同，男孩子们总是喜欢足球啊、篮球啊、玩具枪啊、军车啊什么的，尤其喜欢坦克。而雅萱是一个很爱音乐的女孩，只喜欢乐器，不喜欢武器。

爸爸给雅萱买了一个手风琴，虽然学起来有点困难，但雅萱还是从早拉到晚，累得胳膊都开始疼了，还是不放弃。后来终于能学会几首简单的曲子了，那些层层叠叠的风箱不断压缩、伸展，美妙的音乐就飘了出来。雅萱骄傲极了。

有一天，雅萱的同学小刚说：“手风琴有什么好的，看它一会展开，一会合上，一边收缩，一边拉开，像一条蛇一样。”

雅萱很不服气地回敬他说：“坦克就好看了吗？看它的轮子下面，压着一条宽大的带子，活像蛇的鳞片，还不容易拐弯呢！”

老师听到了，告诉他们同学们之间应该互相尊重对方的爱好。然后老师说：“你们两人都很聪明，善于联想，把蛇看成是坦克和手风琴，很奇妙，也很符合蛇的运动规律。”

那么，蛇的运动有什么规律呢？

说起来，蛇和坦克真有点相似。坦克前进时垫在轮子下面的履带有很多节组成，很像蛇的身体。蛇的背上有一条长长的脊椎骨，它是由100～400块骨头组成，骨头和骨头之间连接得非常紧密，不论蛇怎样上下、左右弯曲，都不会脱臼。蛇的脊椎骨从头一直到尾，贯穿整个身体，可以说，蛇的整个身体都是运动器官。

蛇是怎样前进的呢？它的每块脊椎骨都连着一对肋骨，肋骨包裹着蛇的身体，带动着腹部的鳞片。蛇要前进时，就靠肋骨连着的肌肉收缩，带动鳞片向前移动。每当鳞片移动一下，就会牢牢抓住下面的地面，后面的身体就在鳞片的作用下往前挪动。鳞片不断地移动，抓住地面，又松开，蛇的身体就会不断往前进。

蛇需要鳞片的移动来带动身体，鳞片的收缩和放松确实很像手风琴上的风箱。不过大部分时候，蛇是像坦克那样直线往前爬的，可是如果蛇一直这样爬，很可能会因为爬得太慢，被青蛙、老鼠等提前发现，这样猎物们都逃之夭夭了，蛇还怎么吃得到呢？只能被活活饿死。

蛇怎么办呢？它在捕猎的时候，会先把身体展开，只用尾巴固定在地面上，身体的前部向前伸，像从空中跳过去一样，走了一大步，尾巴再跟上来。这样一伸一缩，蛇就爬得快多了，就算是再难走的地方，它也能轻松越过去，就连凹凸不平的大树，也不在话下。

蛇前进的时候，一般是头在前面，尾巴在后面，身体有时像直线，有时呈“S”型。有的蛇就不同，比如沙漠里的沙蛇。因为沙漠里很炎热，沙子的温度很高，如果蛇还像原来那样爬的话，可能会烫伤身体。它就把身体变成三个弯，前进的时候，第一、三个弯先向前“走一步”，第二个弯再“走一步”，这样看起来，蛇好像是横着前进的，和螃蟹一样。它爬过的沙地，被写下了一个个“丁”字。

▲蛇的身体

听了老师的讲述，雅萱说：“原来蛇这么

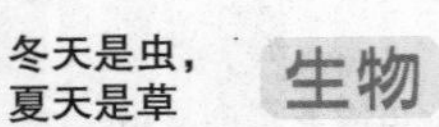

灵活，见了它要小心了，免得被追上。”

“那倒不会，”老师笑着说，“蛇其实爬得并不快，大多数蛇每小时只能爬4公里，还不如人走路的时候快呢。只有少数蛇每小时能爬10～15公里，和人慢跑差不多。爬得最快的是非洲的一种毒蛇，名叫曼巴，每小时能爬15～24公里。就算是这样，也比不上人们奔跑的速度。不过如果我们见了毒蛇，当然应该避开，因为它们虽然不善于长途爬行，但是在很短的时间里，还是会快速前进的。”

由于蛇的运动方式很特别，所以我们创造了一个专门解释蛇运动方式的词，就是“蜿蜒”。小朋友们，当你看到这个词的时候，会不会想到蛇那弯弯曲曲往前爬行的身体呢？

科学小链接

为什么我们觉得蛇爬得很快？

蛇的运动速度是赶不上我们人类的，就算是速度最快的蛇，也只是在短时间里维持高速度罢了，如果进行“长跑”，它们绝不是人类的对手。可是每当我们看到蛇爬行时，还是觉得很快，这是因为蛇总是生活在茂密的草丛或者隐蔽的岩石等地方，乍一看到蛇，人都会吓一跳，很多人都可能呆住好一会儿才反应过来。这个时候，蛇一般就是赶紧逃走。我们觉得它跑得很快，是一种心理作用。

孔雀的防御：爱“比美”的孔雀

妈妈给雅萱买了一件漂亮的“公主裙”。这件裙子可漂亮了，上半身紧紧贴在雅萱的肩膀上，显得干净利落，下半身呢，则是一个半圆形的下摆，腰上有又宽又软的腰带，还别着一朵大红花。裙子上绣着五颜六色的花朵，在太阳下闪着光，雅萱轻轻一转，好像真的变成了小公主一样。

大人们都说，雅萱穿上这件公主裙，简直就是一只开屏的绿孔雀。

雅萱听说后，急于想看看孔雀开屏有多美，能比自己的公主裙还要美吗？

终于机会来了，周末妈妈带着雅萱去动物园看孔雀。当时正是春天，繁花似锦，绿树成荫，出来踏春的人们都兴致勃勃，一窝蜂地挤在孔雀的“家门口”，隔着栅栏，观看那些悠闲自在的孔雀。

▲未开屏的蓝孔雀

雅萱发现那些孔雀长得有点像大公鸡，头上插着像小折扇一样的冠子，仰着长长的脖子，很骄傲地观察着周围的人。它们的脖子有的是蓝色的，有的是绿色的，有的则是蓝绿相间的。最奇怪的是它们的尾巴都很厚，很大，而且一直拖在地上。

“也没有多么美嘛！”雅萱想。

可是接下来，让雅萱惊奇的事情发生了。就在她眨眼的工夫，一只蓝孔雀的尾巴竟然竖起来，比原来的尾巴大多了，活像一个大团扇，又像一个彩色的太阳。这个“团扇”上的羽毛好像美丽的锦绣作品，上面还镶着圆形或椭圆形的“眼睛”，仔细一看，“眼睛”的颜色有紫色、蓝色、褐色、黄色，还有红色，真是五彩斑斓。在场的人们都禁不住发出赞叹的声音。

雅萱问妈妈：“孔雀真漂亮，是在跟我比美吗？”

妈妈说：“孔雀开屏确实很美，但是它们却不是为了比美才开屏的。你看今天来观看它的人太多了，游客们大声说笑，声音很大，而且大家都穿着鲜艳的衣服，所以孔雀有些害怕。一般来说，孔雀受到了一定的刺激，就会把屏打开，向人们示威。它的意思是‘不要惹我，我也是不好惹的哦’。同样，孔雀遇到敌人的时候，会十分惊恐，这时由于紧张它们也会开屏，虽然它们自己心里是很害怕的，但是这一下子展开的彩色尾巴，能让敌人吓一跳，说不定很快就逃走了呢。所以，开屏不是孔雀在比美，而只是它们的防御行为。”

▲开屏后的绿孔雀

“那我们不在的时候，孔雀就不再开屏了吗？”雅萱问妈妈。

妈妈建议雅萱等到人少的时候，再来观察孔雀是不是也开屏。雅萱按照妈妈的“指示”，连续几天都来动物园观察，终于找到了孔雀开屏的另一个重要原因。

在每年的3～4月份，是孔雀寻找伴侣的时候。这个时候，雄孔雀为了让雌孔雀喜欢上自己，会常常竖起漂亮的大尾巴，像屏风一样，吸引雌孔雀的注意力。如果雌孔雀喜欢它，便会接受它的追求，两只孔雀成为一对幸福的伴侣。

但是，雌孔雀是没有那么大尾巴的，更不会开屏了。所以我们看上去，雄孔雀要比雌孔雀漂亮多了，这是它体内的生殖激素刺激造成的。当雄孔雀一边开着屏，一边踱着方步，或者跳着舞，连人都抵抗不了它的诱惑，更何况是雌孔雀呢。

雄孔雀求爱成功后，会与雌孔雀一起孕育它们的孔雀宝宝。所以孔雀的开屏也与求偶有关，当繁殖季节过去以后，特别是在秋冬天里，孔雀是很难再开屏的。

科学小链接

珍贵的孔雀

孔雀，又叫越鸟，它们原来生活在南亚印度和东南亚一带，有羽毛和冠子，雄孔雀尾巴很长，雌孔雀不算漂亮。孔雀分为四类：绿孔雀、蓝孔雀、黑孔雀、白孔雀。绿孔雀比较怕冷，是我国一级保护动物。蓝孔雀可以在各地养殖，黑孔雀非常稀少，白孔雀雪白高贵。孔雀一向被称为“百鸟之王”，是最美丽的观赏鸟类，还是吉祥、善良的代表。

无论是西方还是东方，人们都把孔雀看成是尊贵的象征。在西方的神话传说中，孔雀是天后赫拉养的圣鸟，是不可冒犯的神物。在东方的佛教故事中，孔雀是凤凰生下来的鸟，和大鹏有同一个母亲，还被佛祖封为大明王菩萨呢。

我国著名舞蹈家杨丽萍根据孔雀开屏后跳舞的样子，创造了舞蹈《雀之灵》，惟妙惟肖，非常动人，使大家对孔雀的美有了更深刻的认识。

鹦鹉的模仿：它知道自己在说些什么吗？

▲漂亮的鹦鹉

雅萱很喜欢上语文课，特别喜欢学习成语，因为这些成语包含着很多有趣的故事和丰富的含义，说话的时候用上几个成语，会显得很有学问，大家都会用佩服的眼光看她呢。

一天雅萱学到一个成语“鹦鹉学舌”，意思是鹦鹉学人说话，人家怎么说，它也跟着怎么说。这个成语是在讽刺有些人没有主见，总是模仿别人。她好奇地问老师，鹦鹉真的只会模仿别人吗？

为了让大家了解鹦鹉的“学舌”特点，语文老师让大家每人准备一个关于鹦鹉的笑话。小刚准备的笑话可有意思了：

有人养了一只鹦鹉，学话特别慢，一个月只学会了一句话“谁啊”，比别的鹦鹉差远了。有一天早上，他家的煤气罐空了，就打了一个电话，请煤气公司派人把煤气送来。在他出去买早餐的时候，送煤气的师傅来了，这时候只有鹦鹉自己在家。师傅敲了敲门，里面传来一声：“谁啊？”师傅答道：“送煤气的。”门里又传来一声：“谁啊？”师傅说：“送煤气的。”门里又问谁啊，师傅又说送煤气的。这样来回说了很多遍。

送煤气的师傅觉得受到了戏弄，一生气昏倒在了门口。等到主人回家的时候，发现一个人躺在门口昏倒了，惊奇地说："谁啊？"

只听门里传出了鹦鹉的声音："送煤气的。"

大家听了以后都哈哈大笑。

"这只鹦鹉太笨了，"小刚说，"我家的鹦鹉就很聪明，能说很多话，比如'你好'啊，'吃饭'啊，还能说几句很长的话。每当电话铃声响起来时，你还没拿起话筒呢，鹦鹉就已经学着爸爸的声，拖长了嗓子说：'喂——'"

大家都很羡慕小刚能养一只这么可爱的鹦鹉，都想自己也去买一只，然后教它说很多很多的话。

老师告诉大家，鹦鹉是一种聪明伶俐的鸟，很善于学习，是马戏团里的主角和动物园里的常客，也是很多人在家里驯养的对象，称它是动物界的"表演艺术家"一点也不为过。它那弯弯的嘴巴能叼起小旗子指挥交通，它那有力的爪子能紧紧抓在一根横杆上，就算把身体倒过来也摔不到。它能够在树枝上安静一整天，也能扑棱棱飞来飞去和你捉迷藏。最特别的就是它那卓越的声音模仿才能了。

只要鹦鹉高兴，你说什么，它都能模仿一句，逗得你哈哈大笑。它的"口技"比人要厉害多了，不管是汉语、英语还是阿拉伯语，不管是唱歌、骂人还是绕口令，都不在话下。

可是，鹦鹉能和人对话吗？当你问它想吃什么，想去哪玩的时候，它能说出来吗？

不能的。

英国曾经举办过一场鹦鹉学话比赛，一只很不起眼的非洲灰鹦鹉得了冠军。它是怎么夺冠的呢？别的鹦鹉刚从笼子里露头的时候，说的都是一些"你好""谢谢"等简单的话，可这只鹦鹉

▲非洲灰鹦鹉

的主人把它的鸟笼罩揭开后，灰鹦鹉竟然东张西望，然后说："哇塞！这儿怎么会有这么多的鹦鹉？"大家都吃惊极了：这只鹦鹉竟然有和人一样的想法？

不久，鹦鹉的把戏被拆穿了。灰鹦鹉的主人邀请朋友到家里庆贺，大家也都围过来想再听听鹦鹉会说什么。主人把鸟笼罩打开以后，鹦鹉瞧了瞧周围的人，竟然又说："哇塞！这儿怎么有这么多的鹦鹉？"主人狼狈得脸都红了，大家也都很丧气。原来这是只会说同一句话的鹦鹉啊。

鹦鹉往往穿着华丽的衣服，它的头来回摆动，又能"学舌"，看起来很聪明，其实它的聪明只是表面的，比起大猩猩来那可差远了。鹦鹉的大脑很不发达，它们根本没有人的想法，不可能自由表达自己的思想，更听不懂我们在说什么。它们能做的只是简单模仿罢了，这是一种条件反射，也可以说是它们的本能。它能说的话一定是人们教给它的，它是绝对不会说出从没听过的话的。

大部分鹦鹉，一生能学会的词语可能也就几十个，能说的话只有几句到十几句。最著名的非洲灰鹦鹉，最多能说800个单词，这已经是世间少有了。

所以，小朋友们，鹦鹉"说话"的时候是不知道自己在说什么的，我们在教鹦鹉的时候，千万不要把脏话教给它哟！

科学小链接

1.如何饲养鹦鹉？

鹦鹉耐热不耐湿，所以要给鹦鹉提供干净、通风的环境，每天提供清水给它喝，并且定时喂给它粮食、蔬菜、水果。可以喂瓜子等干果，但不要喂太多，免得它变得嘴馋起来。注意，人们吃的巧克力、奶油、肉类、咖啡等对鹦鹉都是有害的。

2.怎么教鹦鹉学话？

要给鹦鹉提供充足的水和食物，保持清洁，和它亲近，让它不再害怕人类，等它心情愉快了，才愿意开口。教鹦鹉说话最好在清晨，周围很安静的时候，用清晰而且短的语言，不断重复，有耐心地说，鹦鹉才可能学会。学会后，还要多巩固，等它彻底熟练了，再教第二句，不然鹦鹉也会犯迷糊哦。不要太靠近鹦鹉，如果鹦鹉不太听话，你可以藏起来，让它看不到你，只听到你的声音，鹦鹉就会很注意地学习了。

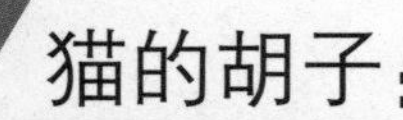

猫的胡子：随身携带活“卡尺”

雅萱的表姐从小就喜欢小动物，特别是毛茸茸的小猫咪，她总是喜欢把它们抱在怀里，和它们亲密无间。雅萱有一次问表姐：“你长大了要做什么？”

表姐说：“我要做一名动物美容师。”

真是奇怪的职业，雅萱可从没听说过。

“什么叫动物美容师？”雅萱问。

表姐说，动物美容师就是给小动物美容的人。现在的人们都喜欢养宠物，小狗啊，猫咪啊，鹦鹉啊，还有人把鸭子和猪当宠物养呢。猫咪是大家最喜欢的宠物之一，它的可爱、乖巧、聪明都让人禁不住要对它好。主人们也喜欢让自己的猫咪干干净净、漂漂亮亮的，经常给它洗澡，还有的染毛和剪毛呢。

那做动物美容师需要什么本领呢？就拿剪毛来说吧，需要很高的技术，要经常练习，才能保证既不伤害猫咪，又让它变得漂亮。

可是表姐毕竟还没有学会呢。有一次，雅萱看到表姐在给一只猫咪剪胡子，任凭猫咪不断挣扎，一根根的胡子还是掉在了地上。雅萱大叫一声说：“猫咪的胡子不能剪！”

▲猫咪的胡子

表姐很疑惑：“为什么？人有了胡子不是都可以剃掉吗？”

看来这次是雅萱大显身手的时候了，因为她学过一些养猫的知识，知道猫咪的胡子太重要了，万万剪不得。

猫咪的胡子和其他地方的毛可不一样。猫咪身上的毛主要用来保护自己的皮肤和保证热量不散失，如果剪一点的话，猫咪顶多觉得冷罢了（当然，最好还是不要剪）。可是猫咪的胡子就不同了。

猫咪的胡子又长又硬，无论碰到什么障碍物，只要胡子碰到了，猫咪马上就能知道，特别是头的两边、眼睛看不到的地方。

猫咪的胡子既像天线，又像卡尺，如果猫咪想从缝隙里钻过去，就要靠胡子大显身手了。因为胡子能丈量缝隙的宽度，一旦胡子碰到了墙壁，猫咪觉得自己可能过不去，就会退回来，如果没有了胡子，猫咪可能会卡在缝隙里出不来。

如果猫咪已经死死咬住了猎物，比如老鼠，这只老鼠可能会用爪子抓猫咪的脸，也可能回头来咬，可是只要胡子在，不论老鼠有任何动作，猫咪都可以提前感觉到，避免老鼠“反咬一口”。

由此可见，胡子对猫咪来说是多么重要呀！有了胡子在，就好像一个人在夜里走路的时候，可以用手摸索着前进一样。

听了雅萱的解释，表姐觉得雅萱真不了起，也很后悔自己的所作所为，可是怎么来补救猫咪受到的伤害呢？她只能暗暗祈祷，猫咪的胡子快快长起来吧！

猫咪的胡子大部分长在上嘴唇的两边和眼睛的上面，在前进的时候，这些胡须扩张开来，比猫咪的身体还要宽。当猫咪盯着一个东西看的时候，别的毛发都不能活动，只有胡须能动弹。这些胡须与猫咪的感觉器官相连接，非常灵敏，而且可以生长哦。

科学家做过这样的实验：把猫咪的眼睛蒙起来一段时间，猫咪可以慢慢学会只用胡须的感觉来活动。而且过上一段时间，这只猫咪的胡须会比别的猫咪长很多。这说明，蒙上猫咪的眼睛，可以促进它的胡须生长。不过猫咪的胡子长得很慢，所以最好不要把它剪掉。

表姐听了之后，表示再也不随便剪掉猫咪的胡须了。

我们还可以通过观察猫咪的胡须，来判断猫咪的身体状况。当猫咪的胡须变少，或者脱落的时候，说明猫咪的身体生病了，或者它已经老了。这时候的猫咪没有了丈量距离的“卡尺”，行动起来很不方便，也会变得很胆小，更需要我们全面的保护。

科学小链接

如何保护猫咪的胡子呢?

猫咪营养不良（比如缺钙）或者老了的时候，胡子都会断掉。如果猫咪的胡子不小心碰到电源或者炉子，也会被烧断。所以为了保护猫咪的胡子，我们需要做到：

1. 给猫咪足够的营养和水，常常让它晒太阳。

2. 如果猫咪不够活泼，胡子又开始断了，及时到宠物医院进行诊断。

3. 不要经常用手触摸或者拽猫咪的胡子，要让猫咪有足够的自由和安全感。

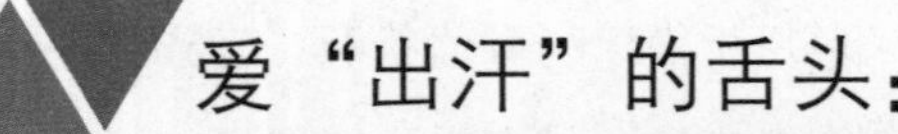

爱“出汗”的舌头：总爱伸舌头的小狗

某天，雅萱不小心惹怒了正在为工作烦心的爸爸，她的小屁股被拍了几个巴掌。从那以后，伤心的雅萱开始躲着爸爸。

深爱女儿的爸爸心想，这该怎么办呢？琢磨了几天，想到了一个好主意，下班后给雅萱买了个她最喜欢的礼物——一只小狗狗。但这次不是小狗玩具，而是一只活生生的白色长毛狗！

看到活泼可爱的小狗后，雅萱就再也不生爸爸的气了，高兴地跟小狗狗一起玩。起初小狗狗还不理会雅萱，但很快就和她混熟了，并且成了最好的朋友。从此以后，雅萱走到哪，小狗就跟到哪，连雅萱去上学小狗狗都想跟着。

终于到了夏天，放暑假了，雅萱可以跟小狗狗天天在一起玩了。

这天，雅萱跟狗狗在外面跑了半天，回到家后，雅萱热得浑身是汗，跑到风扇前，打开就吹。这时，她发现小狗狗不住地吐舌头，并且还流了很多口水。

▲吐舌头的狗狗

雅萱忙把爸爸叫来：“爸爸，快来看，小狗狗的舌头怎么了，怎么一直吐着舌头，还一个劲地流口水啊？”

爸爸摸摸狗狗的头，笑着对雅萱说：“不知道了吧，你热可以出汗，小狗狗热了也要出汗啊，要不这么热的天，小狗狗非中暑不可呢。”

“那小狗狗吐舌头干嘛，小狗狗出汗不是跟人一样从身上出吗？”看着雅萱那打破砂锅问到底的样子，爸爸笑着说：

“别着急，爸爸来给你讲讲这里面的奥秘。”

狗狗为什么会伸舌头呢？这是因为狗狗的皮肤跟人的皮肤是不一样的。人感到热的时候，会通过全身的汗腺排汗来达到散热的目的。可是狗狗因为全身被毛覆盖，仅仅只有爪垫和舌头等几个部位有汗腺，当狗狗热的时候，就只能从爪垫和舌头几个部位来排汗。正常情况下，狗狗的体温应该要保持在37.8℃～39℃之间，如果体温上升，超出这个温度范围，小狗狗不能靠排汗来降温的话，就会像人们一样出现中暑现象。

所以，狗狗热的时候，就需要不断地伸出它的长舌头，急促呼吸并流出唾液，这样做就能散发身体内的热量，起到降温的作用，不会出现中暑了。

仔细观察狗狗的话，就会发现，天热的时候，玩累了的狗狗通常会气喘吁吁，然后跑到一个阴凉的地方休息一下，或者有的狗狗还会跑到河里去游泳，狗狗的这些表现也是自我降温排热的方式之一。

科学小链接

如果家里养有狗狗，夏天的时候可以采取以下几个方面来帮助狗狗预防中暑：

1. 把狗狗的窝安置在空气流通、避免日晒的地方，天气太过炎热的时候，还有必要给它吹吹电风扇，并多给它喝水。

2. 家里有长毛狗狗的，夏天最好给它剃一剃毛，这样能帮助狗狗体内散发热量。

3. 高温天气里，不要带狗狗出门，要减少狗狗们的运动量。并且尽量多带狗狗去阴凉的地方，也可以给狗狗多洗洗澡，或者带着狗狗一起去游泳。

奇妙的保护色：颜色扎眼的斑马怎么保护自己？

爸爸妈妈带雅萱去非洲旅游，在广阔的非洲草原上，雅萱兴奋地发现了好多带着黑白道道儿的斑马。

因为从来没见过，雅萱十分想知道斑马的“性格爱好”，于是和爸爸一起上网查了查斑马的习性。

斑马是一种很聪明的动物。它们主要生活在长满小草和灌木丛的草原上，那里一年四季大部分时间很干燥，但是非常开阔，一眼望去，能看到遥远的地平线。斑马们三五成群地生活在一起，它们有的低头吃着地上的青草，有的抬头吃树上的嫩叶，但是总有一两只斑马不吃饭，而是在旁边站岗，防止野兽的袭击。等“哨兵”站累了，就会换下一匹斑马来放哨。

斑马很温和，很善良。雅萱发现斑马经常和鸵鸟、羚羊、长颈鹿一起吃东西，彼此之间从不发生矛盾。但是爸爸告诉雅萱，斑马也是有自己的领地的，它们会用粪便在领地周围作标记，当狮子、豹子、土狼等凶恶的敌人越过它们的边界时，“哨兵”会发出一声长长的嘶鸣，大家立刻集合起来，迅速逃走。

斑马是食草动物，体形很大，如果不小心，就会成为肉食动物的食物，所以斑马们格外小心。但斑马有自己的逃生秘诀，一个是它们的奔跑才能非常超群，一小时能跑60～80公里，相当于人类的汽车。另一个就是斑马名字的由来了。

“斑马为什么叫斑马呢？”雅萱问爸爸。

“这是因为斑马的身上都长着很多斑纹呀！”爸爸说，“斑马的身上，除了肚子以外几乎所有的地方都被黑褐色和白色的斑纹所覆盖，特别与众不同。”

▲斑马的斑纹

斑纹有什么用呢?

很多动物为了逃避天敌的追杀，或者要猎取食物，会披上一件和周围环境很相似的外衣。比如在水草中生活的青蛙是绿色的，在野地里生活的兔子是土黄色的，在北极生活的北极熊是白色的，而在不同树上生活的变色龙则能常常改变身体的颜色。它们利用颜色隐藏自己，让敌人很难发现，也能够突然袭击，捕捉自己的猎物。

斑马就是这样的一种动物。在草原或者宽广的沙漠地带，当太阳和月亮的光照射到斑马身上时，它们身上的条纹会反射出不同方向的光线，让敌人看不清它们的身体，还以为是一堆堆的沙丘呢。当敌人正在因为看得很模糊而纳闷时，斑马早就发现了敌人，从而迅速逃离，远远地躲开了。

由于斑马的条纹非常与众不同，所以当它们的同类在互相寻找伙伴的时候，能轻而易举地找到，并加入伙伴们的群体，一起觅食，一起生活。有了这一身“斑马服”，小斑马们就不会走失，斑马爸爸也能够很快找到自己的妻子和儿女。

雅萱看到那些颜色扎眼的斑马，忽然想到爸爸有一件衣服和斑马特别像，都有很多条纹。爸爸说："爸爸穿的衣服是由海军的内衣改造而来的，原名叫作海魂衫。"

斑马的保护色教会了我们利用颜色隐藏自己。比如在制造军舰的时候，我们可以在军舰上涂上类似于斑马条纹那样的色彩，这样在大海上航行和作战的时候，会让敌人看不清楚，达到隐藏自己和迷惑对方的目的。海军士兵的海魂衫也是这样。只不过海魂衫是蓝色和白色条纹相间的，不是黑和白。这样有利于在蓝色的大海上隐藏自己，模糊敌人的视线。

不仅如此，人们还仿照斑马的条纹在马路上设置了人行横道，让小汽车看到后能够注意过往的行人，减速慢行。

看来，斑马的保护色给人类的启示还真是不少呢！

为什么我们感觉斑马的条纹很扎眼？这样斑马还能保护自己吗？

斑马的保护色看起来好像很扎眼，不可否认，一头斑马在活动的时候，是很容易被发现的。可是斑马往往都是群体活动的，每个群体大概在10匹以内，它们一起吃草，一起逃跑。当它们一起跑起来的时候，斑马的斑纹随着身体不断移动，再加上光线的反射作用，常常让敌人分不清它们的身体轮廓，从而产生迷惑，不知道该追哪一只。所以斑马的保护色还是能起到很大作用的。

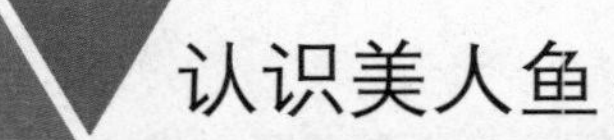

认识美人鱼：美人鱼真的很美丽吗？

每天晚上雅萱睡不着的时候，外婆就会给她讲故事。今天外婆讲的故事叫《海的女儿》，其实是安徒生的一篇童话。窗外的月亮透过玻璃照进来，这个小美人鱼的故事就和月光一样美：

小美人鱼是海王最小的女儿，她有着人的身体和鱼的尾巴，长长的头发、白白的皮肤，非常漂亮，歌喉还很动听。她从小生活在大海里，但是一直想到海面上看看人类的生活。

终于在她15岁的时候，可以浮出海面了。她在海边发现了一位溺水的王子，小美人鱼救活了他，也爱上了他。为了能够到人间去跟王子生活在一起，她答应海底的女巫师，以自己银铃般的声音作为交换，把自己的尾巴变成人类的双腿。但巫师警告她，如果王子不喜欢她，她就会变成海上的泡沫死去。

▲大海牛和小海牛

小美人鱼怀着憧憬到了海边，可是等她再见到王子的时候，王子已经爱上了另一位美丽的公主。小美人鱼无法说话，只能一个人落泪。后来，巫师告诉她，如果不想变成泡沫，可以用刀刺进王子的

心脏，让王子的血滴在她的脚上。但是小美人鱼没有这么做，她最终变成了泡沫死去了……

相信听了这个美丽的故事，所有的小朋友都会问同一个问题：世界上真的有美人鱼吗？

美人鱼的故事是世界上很多地方都流传过的美丽传说。

有的人传说， 美人鱼常常在天色昏暗的河边出现，每当有船经过，她就唱起很伤心的歌，她的歌声很美，传得很远，船夫们禁不住去看她。等船夫们看到她那美丽的面孔时，都惊呆了，连掌舵的船夫都因为迷惑而使船失去了方向，最后船夫和船都沉入了河底。

还有的人传说，美人鱼喜欢到岸上来，她很爱美，会带着小梳子、小镜子等来到岸边。如果你把她的梳子和镜子藏起来，不让她找到，她就会安心和你一起生活。如果有一天她找到了自己的东西，就会回到海里去。

这样的传说很多，有的很吓人，有的很美好。不过最美丽的故事还是安徒生的童话。

然而在现实生活中，美人鱼其实是不存在的。很多人都说起曾经在海上见到过美人鱼，是因为它们见到了身体很像女人的海牛或儒艮罢了。那这些鱼会长得很漂亮吗？

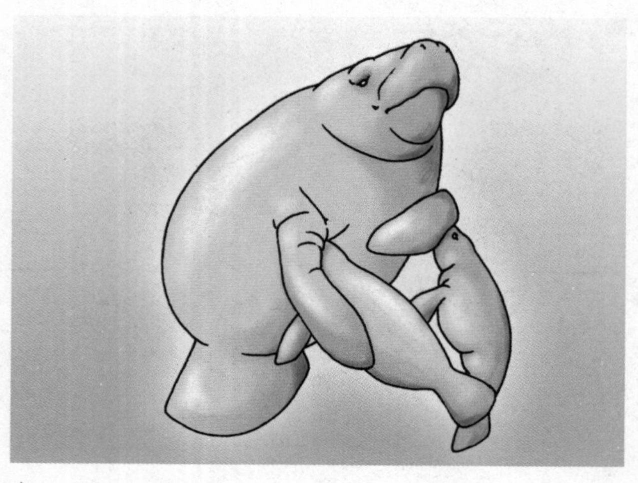

▲给宝宝喂奶的儒艮

先说海牛吧。大航海家哥伦布原来一直相信美人鱼是真的存在的，还给美人鱼起了个名字，叫“安娜”。可是有一天在航海途中，水手们捉到了一头海牛，并且说，其实这就是大家见过的美人鱼。

哥伦布马上去看他心目中的女神。等他见到的时候，失望极了。原来所谓的美人鱼是这么一副丑陋的嘴脸：胖嘟嘟的身体，宽大的尾巴，身体两边是鳍，鳍的下面是两个乳房，用来给它的宝宝吃奶。喂奶的时候它会飘到海面上来，用鳍抱着它的宝宝，看起来确实像一个人。

真正看到"美人鱼"的"庐山真面目"，还不如一头猪可爱呢。哥伦布不再相信有真的美人鱼存在，还把这个"丑八怪"吃掉了。吃了之后，觉得味道和小牛的肉差不多，于是大家就管这种动物叫海牛。

再说儒艮。儒艮的长相和海牛差不多，有一个椭圆形的身体，身体一般都很大，比人的身高还要长。它也有一对乳房，供小儒艮吃奶。它的嘴又宽又平，眼睛很小，常常生活在距岸边不远处海底的水草中。有时候它会游到河里来寻找吃的东西，它向上游的时候，会把乳房露出来，远远看去就像一个女人一样，所以人们也会误认为是美人鱼。

但是儒艮长得并不美丽，它在海底寻找食物的时候活像一头牛，几乎每天都在找吃的。它吃得很胖，游起来也不快。它不但不是美人鱼，还是国家一级保护动物呢！

虽然这些像美人鱼的动物都不美丽，但是美人鱼在人们心目中的形象却是永恒的。这是因为人们把美人鱼的传说看成是美丽、善良的象征，愿意相信美人鱼是上天给我们的恩赐。人们不断想象一些美人鱼的故事，使美人鱼变得神圣、完美起来。所以美人鱼其实不是鱼，而是人类对美的追求！

科学小链接

儒艮和海牛

儒艮和海牛都是海洋中的哺乳动物，和鱼大不相同。它们不仅身体庞大，而且和人类的妈妈一样，用乳房哺育幼儿。儒艮和海牛的不同之处在于，海牛的尾巴是圆形的，儒艮的尾巴是扇形的，和海豚差不多。它们都不能长期在水里，因为它们不是用腮呼吸，而是用肺呼吸的，所以每隔10分钟左右，都要浮到海面上来呼吸一次，然后再潜入海底。这就是为什么我们能常常见到这两种"美人鱼"了。

脚印的秘密：动物的脚趾会“写”字

最近，雅萱学了一首儿歌，非常有趣，她常常唱给爸爸妈妈听：

“下雪啦，下雪啦！雪地里来了一群小画家。小鸡画竹叶，小狗画梅花，小鸭画枫叶，小马画月牙。不用颜料不用笔，几步就成一幅画。青蛙为什么没参加？它在洞里睡着啦！”

爸爸从市场上给雅萱买来2只小鸡，还给它们用竹片做了大大的笼子，里面放上小米和水。雅萱每天都来和这些毛茸茸、黄澄澄的小鸡说话，喂它们吃饭，观察它们的生活习性。

过了一段时间，雅萱发现小鸡长大了，喜欢用爪子在地上抓来抓去。这是在做什么呢？爸爸说，这是因为小鸡有在土壤和沙子中间刨食的习惯，如果它们能够自己找到一丁点吃的东西，就会非常高兴。这也有利于锻炼它们爪子的力量。

雅萱开始注意这些小鸡的爪子了。小鸡的爪子有4根脚趾，每根都不同，最后面的脚趾特别短，够不到地面，前面的三根脚趾会踩到地面上，而且还都长着坚硬的脚趾甲——爪尖呢。

冬天到了，小鸡们还是那么活跃，特别喜欢在院子里的雪地上踩来踩去。雅萱怕冻坏小鸡，就赶它们到笼子里去。有一天雅萱的阿姨到家里来做客，还没到院子里呢，就大声说：“呀，你们家还养着小鸡呢？”雅萱问阿姨：“您是怎么知道的呢？”

阿姨说：“小鸡们在地上写了自己的名字呀！”

雅萱仔细一看，真的，雪地上印了很多像竹叶一样的图案，每个图案都有3片叶子，好像小鸡写在地上的名字一样，特别好看。雅萱想，动物们真聪明，它们虽然没上过学，但是可以用自己的爪子在地上印出自己的名片，如果冬天到山上游玩，虽然看不到动物们的身影，但是只看它们在雪地上写的“名字”，就知道是哪种动物出现过了。

雅萱的想法是对的。每种动物的脚趾都不相同，有的胖嘟嘟的都是肉，有的瘦溜溜的只有骨头和皮肤。有的很柔软，摸上去像棉花，有的很尖锐，碰一下都觉得像针扎。为了适应不同的生活环境，它们的脚趾形成了不同的模样，不光能让人认出它，还能起到不同的作用。

小鹿、小羊、小猪一般都是吃草的，它们的脚趾没有锐利的爪尖，它们的脚印像分开的树叶。狼和狗在奔跑的时候，爪尖总是能碰到地面，就好像穿着钉子鞋的运动员，所以地面上的脚印有爪尖抓过的痕迹。

小猫的脚上虽然也有厉害的爪尖，每当它要抵挡敌人或者抓老鼠的时候，

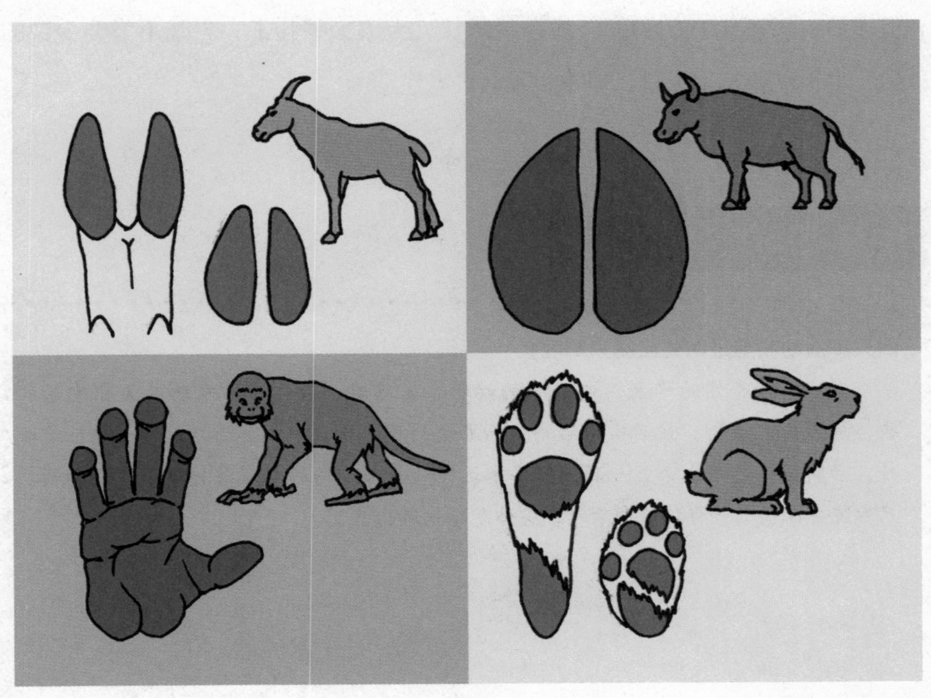

▲ 猜猜这些脚印是谁的？都是哪只脚？

就派上了用场。可是走路的时候，小猫是很在意它的爪子的，从不让爪尖碰到地面，怕碰伤它们。所以小猫的脚印像梅花一样，一个个都有圆滑的痕迹，看不出它的爪尖。

小兔和松鼠走起路来蹦蹦跳跳的，它们先用前脚着地，后脚再跟上来。因为后脚都比前脚长，所以后脚的脚印都在前脚的前面，而且它们的后脚和小腿会一块儿踩到地上去，所以它们的后脚脚印又长又大，很容易认出来。

和人的脚印最像的应该属黑熊了。黑熊的身体很笨重，它会用全部的脚掌着地，来支撑自己的身体，脚印看起来和人的差不多，而且是特别强壮的人。熊的脚掌很厚，很大，北极熊常常在光滑的冰上奔跑，却不会摔倒，因为它的脚掌比较厚，还长着浓密的细毛，像穿了一双大靴子。它在雪地里走过的痕迹，非常像人，所以边境线的士兵们要特别注意，才不会把熊和人的脚印相混淆。

脚印最大的一定是大象了，大象走过的路面好像用木桩在地上砸过似的，有很多坑，看不出它的脚趾，最容易辨认。大象太强壮了，它既不需要尖锐的爪尖，也不需要常常弹跳，但谁也不敢去惹它。

科学小链接

四只脚的动物前进时先出哪只脚呢？

为了保持身体的平衡，四只脚的动物在走路时，会先出右前脚，再出左后脚，然后出左前脚，最后出右后脚。如果受到了惊吓，小兔会两只前脚一起往前扑，后脚再一起跟上来，一跳能有半米远呢。如果小马的屁股被打疼了，它的两只后腿会像踢人一样猛地向后蹬，身体就很快蹿出去了。

第四章 认识无脊椎动物

原生动物：治理污水的小卫士

天天很喜欢到护城河边玩，有一次他发现护城河边有很多管道，污水从里面源源不断地流出来，流到河里去。原来我们的城市有这么多的污水啊！

天天问爸爸："这么多的污水，不是会把河流都污染了吗？"

爸爸说："我们的城市有污水处理厂，可以使污水变清。"

"那污水处理厂是利用什么方法处理污水的呢？"天天问。

爸爸想借这个机会给天天补充一些科学知识，于是提议用一个玻璃瓶装一部分污水来做实验。

只见爸爸拿出一条能往瓶子里吹气的管子，伸到瓶子中间，然后用一个小机器不断往里吹气。爸爸说，这些气体大部分是氧气，可以让污水产生污泥。

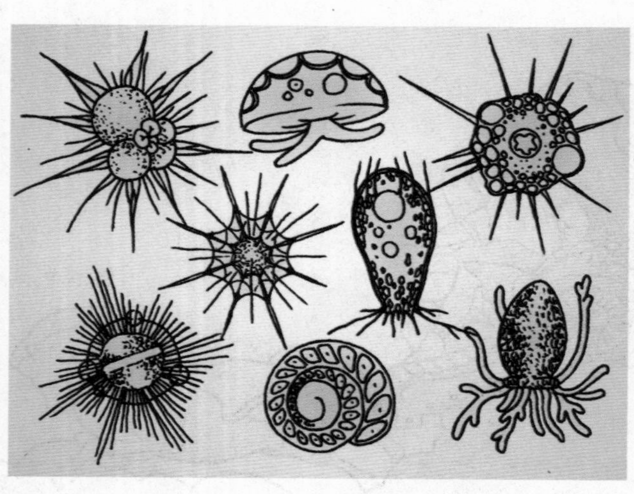

▲各种原生动物

这个行为让天天有点看不懂了，污水本来已经很脏了，怎么还让里面产生污泥呢？

爸爸笑着说："一会儿你就知道了。"

污泥产生以后，爸爸把污水倒掉，但是瓶子上沾满了一层污泥。第二天，爸爸又把污水倒进这个瓶子，过了一段时间，污水竟然变清了，污泥也渐渐都沉淀下来。难道是这些污泥让水变清的吗？真是奇怪。

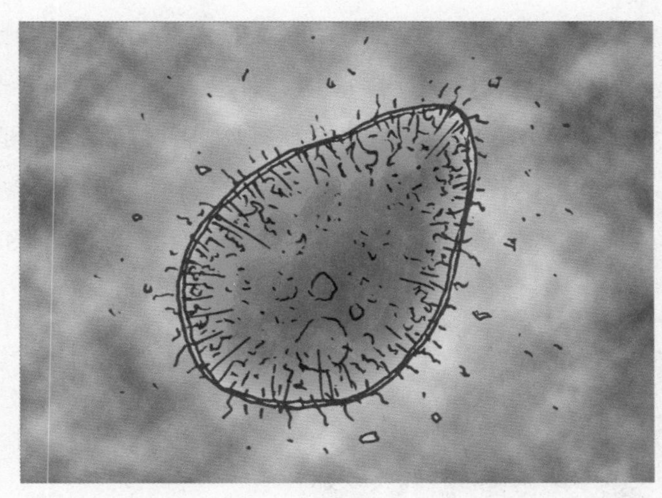

▲ 纤毛虫

爸爸建议把这些污泥拿到显微镜下面观看。原来这些污泥可不是一般的污泥，经过充气处理之后，它已经变成了一种叫活性污泥的东西。在显微镜下面可以看到，里面有大量的微生物，有的大，有的小，大一点的在不断吞吃小的动物，也吞吃一些垃圾。稍微过几分钟，还可以看到它们由一个分裂成两个呢。原来污泥里面藏着这么多生命，难道是它们使污水变清的吗？

活性污泥里有细菌、真菌和藻类，比这些更大个的是原生动物。原生动物是最低等的一种动物了，因为它们的身体只有一个细胞组成，个头当然也很小，最小的只有2～3微米，大的也不过2毫米。大部分原生动物，我们是看不见的，只能借助显微镜才能观察到它们的生活。

可不要小看这些水中的“小不点”，它们无处不在，从南极到北极，从海洋到河流，都有它们的身影。很多原生动物是寄生虫，不断吸收别的动物的营养，更多的原生动物互相聚集在一起，在污泥上生活。

就比如说纤毛虫吧，它的毛很细很小，它在污水中可以不断地吃掉各种有机物。这些有机物在我们看来，往往都是杂质。它们吃掉以后，可以把这些有机物进行消化或者分解，把残渣排出来，慢慢沉淀。原生动物越多，被它们吞食的污物就越多，水就是这样变得清澈的。

原生动物个头小，但是力量大，能够帮助人们净化污水，所以很多污水处理厂都十分重视原生动物，给它们提供良好的环境，让它们不断分裂、生长。所以我们还可以通过观察原生动物的生长情况，来测量水质是不是达标呢。

活性污泥中的原生动物大概有220种，数量最多的是纤毛虫。除此之外还有鞭毛虫、变形虫、草履虫等各种各样的动物，简直就是一个丰富的动物世界。这些动物吃的东西不仅有有机物，还有污泥里的碎渣和游动的细菌。它们就像一个个清道夫，使污水变得清澈起来。

没有它们，人类还真想不出更好的办法来进行污水处理了。

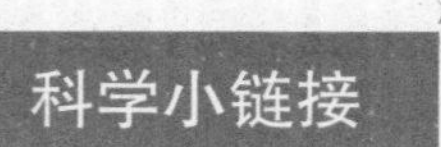

活性污泥是怎么样培养出来的呢？

先把污泥闷22个小时，存放2个小时，再排入废水，同时还要加上一定的自配水。一周以后，污泥变得发黑，水很浑浊，就要用仪器测量污泥中的酸碱度等数值。再过一周，污泥变成了浅黑色，而且明显沉淀在水底。这时候如果你用显微镜观察，会看到很多原生动物。等到污泥变成黄褐色，上面的水变得清澈透明以后，说明原生动物已经在发挥作用，活性污泥也就制作完成了。

生长的秘密：一条蚯蚓变两条

天天最喜欢去爷爷的花园玩了，那里有牡丹、芍药等美丽的花，开得五颜六色，还有丝瓜、葫芦等绿色的果实垂在半空中，仿佛在炫耀着爷爷的丰收。地上的小草都柔软嫩绿，摔到上面一点也不疼。连土壤都是潮湿又肥沃的，爷爷常常用铁锹给花园翻土，爷爷说土壤翻过以后就会更适合植物生长，我们就能吃到更多的瓜果了。

有一天，爷爷翻完土之后，兴冲冲地拿着鱼竿出去了。天天跑出去一看，爷爷的活都还没干完呢，怎么就想起钓鱼来了？真是老顽童！

天天追出去问爷爷，为什么这么快就离开他最爱的花园了。爷爷用小镊子从小桶里夹出一条又细又长的小虫，说："我发现了最好的鱼食——钓鱼虫，想赶紧试试它的功效，看能不能用它钓到更多的鱼。"

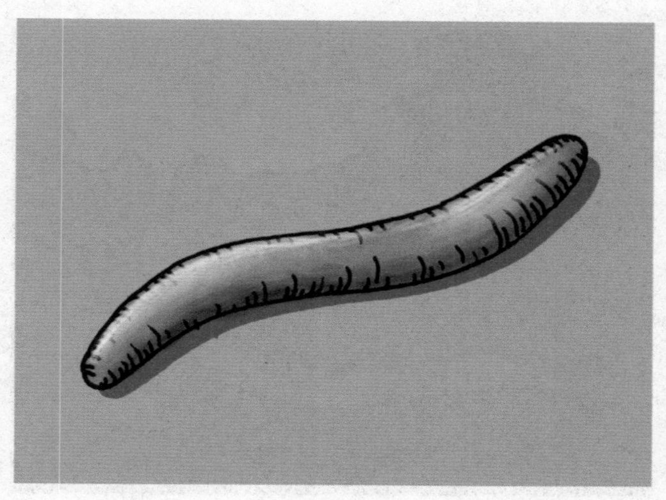

▲蚯蚓的身体

什么钓鱼虫，明明就是蚯蚓嘛！正说着，爷爷一不小心，竟把这条蚯蚓夹断了。天天说："爷爷，您太不小心了，这条蚯蚓还没到鱼儿的嘴里呢，就先死在您的手里了。”

爷爷仔细看了看断开的蚯蚓，捋捋胡子说：“别慌，蚯蚓可不是那么容易死的，它有着超强的再生能力。”

只见爷爷把沾了水的树叶放到一个小盒子里，然后把段成两截的蚯蚓身体放进去，然后把盒子盖上。天天很奇怪地问：“这是做什么？”

爷爷笑而不答。

天天无心看爷爷钓鱼，终于等到回家了，他急于想看看蚯蚓怎么样了。爷爷说：“等一等。”爷爷把一片白菜叶放进盒子里，再洒上一些水，不让天天偷看。

到了第二天，奇迹发生了。爷爷打开盒子的一瞬间，天天惊得下巴都要掉下来了。昨天那个断成两截儿的蚯蚓竟然变成了两条活生生的新蚯蚓。只见它们仍旧是又软又长的身体，在菜叶上钻来钻去，只是身体比原来短了很多。爷爷把两条蚯蚓放进花园中潮湿的土壤里面，不一会儿，蚯蚓就消失了。

蚯蚓可不像我们身边的动物。它们虽然长得又小又瘦，可是它们的身体简直是上帝送给人类的魔术。当你不小心弄断蚯蚓的身体，它虽然也会痛得来回抽动，但却能在很短的时间里得到再生，而且是由一变二，神奇吧？

▲蚯蚓的生活

天天决定自己也试一试，爷爷却不允许天天随便在他的花园里挖蚯蚓。爷爷说，蚯蚓每天在花园的地下钻来钻去，可以疏松土壤，让植物的根须更容易扎到深深的地下吸收营养。蚯蚓吃的东西都是一些腐烂的有机物、沙土等土壤中的杂质，可是它的粪便却是一种含有氮、磷、钾等物质的优质肥料。有了蚯蚓的帮助，不肥沃的土壤可以变得适合植物生长，瓜果会更香甜，蔬菜更鲜美。蚯蚓可是人类的好朋友。

天天不甘心，趁爷爷不在的时候，自己偷偷挖了一条蚯蚓，并且把它撕成两端。可是过了半天，让天天疑惑的事情发生了。其中较长的一段能够自己爬行，较短的一段却来回扭动，就是不会爬。这是为什么呢？爷爷回来后，批评了天天这种不学习就随便迫害小动物的行为，然后告诉了他其中的原委。

蚯蚓看起来只是一条没头没尾的小虫，好像只是由很多环节连接在一起。其实它也有自己的头、尾巴，还有口腔、肠胃和肛门。它在头的带领下向前爬行。

虽然蚯蚓在适合的环境下能够再生（当然再生的几率并不大），但是再生能力强的部分，只是在从头开始的前5到8节而已，如果在超过第8节的部分切断，它就很难活下去。如果我们在第15节以后切断，它也许能活，但是头却长不出来了，只会变成一个两头都是尾巴的怪物。这个怪物没有头，当然不知道往哪爬才好了。

蚯蚓为什么能够再生呢？

当蚯蚓被切成两段时，如果温度、酸碱度适合，周围又没有伤害它的细菌，它断面上的肌肉会收缩起来，而且其中一些会很快溶解掉，变成了新的细胞。这些细胞和身体里流过来的其他细胞一起形成一个肉芽。它身体里的神经系统等部分会分一些细胞给肉芽，渐渐地，细胞不断增多，这段身体如果缺少头，它就会变成头，如果缺少尾，它就会变成尾。于是一条蚯蚓就变成了两条。

珊瑚的构成：珊瑚是植物还是动物？

天天的爸爸出差归来，买回一盆美丽的“植物”。

这盆“植物”真奇怪，通体是白色的，看上去像手指粗细的树枝，摸上去疙疙瘩瘩的，像石头那么硬。它被爸爸栽在一个没有水，只有沙子的方形盆中，从来不浇水。

天天问爸爸：“这棵小树已经死掉了吗？”

爸爸说：“这叫珊瑚，不是小树，只是长得比较像树罢了。”

“不是树，难道是花？”

爸爸摇摇头：“也不是。”

可是妈妈最喜欢听的一首歌《珊瑚颂》第一句就是：“一束红花照碧海。”难道珊瑚不是一种植物吗？

它明明就是树枝状的，上面的条纹和树的纵条纹几乎一样，如果把它掰开，可以看到它的身体是围绕着一个圆心放射生长的，这不正和大树的年轮一样吗？而且天天也听别人说过“珊瑚树”这样的词语啊。

爸爸说：“珊瑚的真正名字叫珊瑚虫，我们看到的白色小‘植物’，只是它的骨骼罢了。珊瑚从小就生活在祖先死去的身体上，它像一个圆柱形的管子一样，一端牢牢吸住祖先的遗体，一端张开嘴，把海洋中比它更小的小动物吸入自己的身体。它的身体周围长着一些成对的触手，就像绒毛一样动来动去，但是却能用刺扎进猎物的身体，使猎物昏倒，成为它的美餐。哪种植物能做到珊瑚这样呢？”

这么说，珊瑚不是植物而是动物了。可它们怎么会在大海上形成一大片一

▲ 珊瑚群体

大片像树一样的东西呢？

这与珊瑚的生殖方式有关。珊瑚有两种生殖方式，一种是它们的精子和卵子在海水中结合，成为受精卵，变成能游动的小珊瑚虫，过几天，小珊瑚虫就找一个结实的地方吸住不动，一直到老；另一种方式是出芽，很多珊瑚的身体不用养育小珊瑚虫，而是通过身体冒出小芽的方式，越长越多。新的珊瑚芽长大了，老的珊瑚就死掉，但是老珊瑚的骨骼非常坚硬，会一直留在新珊瑚的下方，供它依靠。

珊瑚出的芽越来越多，珊瑚的骨骼也连接起来，越来越庞大，经过很多年的时间，竟然形成了一大片珊瑚礁。还有的珊瑚骨骼能够形成一个岛屿呢，这就是珊瑚岛。如果人们要用船度过宽广的太平洋，珊瑚岛就是人们休息的好地方。

早在遥远的奥陶纪时期，也就是距今4亿8千万年的时候，地球上已经有相当多的珊瑚了。这些古老的珊瑚死去以后，它们的骨骼并没有腐烂，随着地球的变化，变成了化石，这些珊瑚化石对我们研究古时候的地球环境有很大帮助。

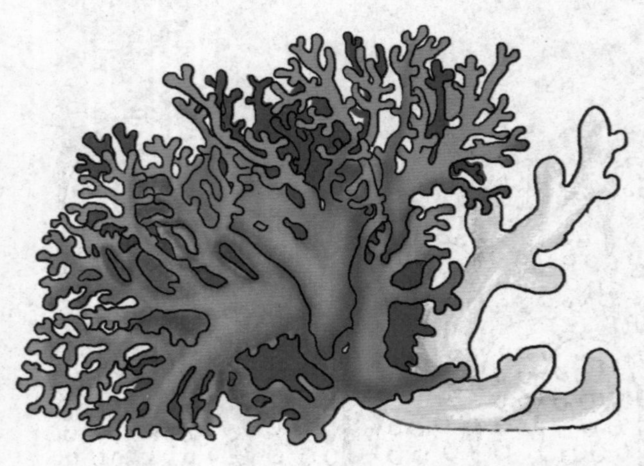
▲红珊瑚

现在的珊瑚大部分是从中生代开始生长起来的，经过长时间的演化，珊瑚渐渐成了海洋中最美丽的生物。珊瑚的颜色五彩缤纷，红的、绿的、蓝的……应有尽有，这些不同颜色的珊瑚像树枝一样组合在一起，不但能够让人们作为装饰品摆在家里，还可以作为中药给人治病。

最珍贵的要数红珊瑚了，它通体红色，被东方人认为是如来佛的化身，是祭佛时用的吉祥物，非常珍贵。

不论是什么结构的珊瑚，不论它们长成什么树的样子，有一个道理是不会变的：珊瑚是一种圆筒形的腔肠动物，它虽然小但数量很多，虽然聚集在一起不怎么活动，但却是吃肉的，它们绝不是植物。

科学小链接

珊瑚如此美丽，它需要怎样的生长环境呢？

最适合珊瑚生长的场所是在深水10～20米的海底，水质必须很清，氧气要很充足，特别是对温度的要求很高。海水的平均温度最好在18℃～20℃，如果低于18℃，珊瑚就会停止生长。我们的祖国疆域十分辽阔，周围的海洋里生长着数不清的珊瑚，留存着数不清的珊瑚礁和珊瑚岛。可是珊瑚很难在陆地的河流中生长，在浅海养殖也不太容易，所以我们要保护海水，给珊瑚提供更清洁的环境，让它们世世代代不断生长下去。

蚌和蛤：走进珍珠的家

天天的妈妈很爱美，她喜欢购买漂亮的衣服，穿漂亮的鞋子，还喜欢买一些饰品挂在自己的脖子上。最近天天的妈妈喜欢上了珍珠，她的脖子上挂了一大串珍珠，在太阳底下散发出美丽的光芒，让天天十分羡慕。

妈妈说，大约在2亿年前，地球上就已经有了珍珠。珍珠不仅有白色的，还有红色的、彩色的，它那美丽的色彩和高雅的气质，象征着健康、幸福，还有纯洁。自古以来，人们就都很喜爱它。

天天要妈妈也给他买一串珍珠项链，可是妈妈说，男孩子是不用戴珍珠的，珍珠是女人的专利。

天天觉得很遗憾，但想想自己是男子汉，不能戴女人的东西，也就不再缠着妈妈要了，不过对于珍珠，他还是很好奇："珍珠是从哪里来的呢？"

妈妈说："珍珠是从河蚌和蛤蜊的身体里面生长出来的。"

为了得到一些珍珠，天天在市场上买了很多文蛤，回到家后把它们的壳一一打开，可是一颗珍珠也没找到。难道是因为这些文蛤太小的缘故？他又到河边寻找河蚌，找了很多天，终于找到几个河蚌，可是打开以后也没有发现珍珠。是不是妈妈在骗人呢？天天又去问爸爸。

爸爸说："天然珍珠可不是那么容易得到的，没有个三五年，别想让河蚌产出珍珠来。至于蛤蜊，身体很小，产珍珠就更困难了。"

那在什么情况下，河蚌和蛤蜊才能产出珍珠呢？

蚌和蛤本来都是生活在水底泥沙中的软体动物，河蚌生活在河里，蛤蜊生活在浅海处。蚌和蛤的幼虫常常寄生在别的鱼身上，等到它的器官发育完成

▲河蚌里的珍珠

后，会从鱼的身体上落到水底，在那里过完它们的一生。它们都长着两片厚厚的硬壳，吃东西的时候，硬壳稍微张开，水就带着微小的生物和有机物质进入了它们的身体。

可是从水中进来的不一定都是好吃的东西，有时候还会进来一些讨厌的沙粒，还有寄生虫呢。蚌和蛤没有手，身体也不灵活，还没有学会把这些沙粒、寄生虫排出体外。这些杂质让它们的身体很不舒服，为了抵抗杂质入侵，它们会分泌出一些液体，把入侵者层层包裹起来。这些包裹的液体形成珍珠质，不但薄，而且多，久而久之，异物就被包裹成了一颗颗美丽的珍珠。

由于珍珠质可能会有几千层，所以珍珠的形成也可能要经历3～6年才能完成，由此可见，珍珠的形成可真是千锤百炼、历久成形啊。

不是所有的蚌和蛤都会产珍珠，它们只有受到外物的刺激，为了保护自己，隔绝外物，才会慢慢产出珍珠来。

“既然这么难得，为什么我们在外面能买到很多很多的珍珠呢？”天天问。

我们现在买到的珍珠，并不是水里的蚌和蛤天然形成的，而是人工养殖的结果。

人们知道了蚌、蛤产珍珠的原理后，发明了人工制造珍珠的方法。首先，用蚌壳制造一个人工的核，再从河蚌的膜上剪下一些活的细胞，然后把它们一起送进河蚌的壳里去。这些活着的细胞会从河蚌身上吸收营养，围绕着人工核不断生长，渐渐地一层又一层将它包裹起来，进而形成珍珠。因此在科学技术的帮助下，珍珠这种美丽的饰品渐渐走进了千家万户。

随着科学技术越来越发达，人们造出的珍珠不仅有白色的，还有红、黄、灰和杂色等各种各样的颜色。我们中国在海南的很多小岛上建立了珍珠养殖基地，产出了大量珍珠。

科学小链接

家里的珍珠该怎样保养，才能保持它的光泽呢？

1. 珍珠里面含有水分，不能把它放到很干燥的地方，如果与干燥剂放在一起，珍珠会变黄。应把珍珠放在阴凉的地方，不能放到太阳底下暴晒。

2. 珍珠不够坚硬，不能把珍珠和别的珠宝一起存放，以免珍珠被划伤。

3. 长期戴珍珠，汗渍会让珍珠失去光泽，所以要经常清洗。但不能用水洗，应该用软软的布料来擦拭。

4. 时间长了，珍珠项链的线可能会松动或断开，要经常检查线的安全性，免得珍珠掉到地上摔坏。

螃蟹的步足：“横行霸道”的螃蟹

天天很喜欢螃蟹，开学那天刚刚发下语文课本，天天就发现里面有一篇文章《论雷峰塔的倒掉》，说如果把螃蟹的壳小心地撬开，拿出里面的圆锥形薄膜，再反转过来，就能看到法海的身体。

他把这个故事讲给大家听，老师夸奖天天说：“还没学到这篇文章，你就先阅读过了，真是‘第一个吃螃蟹的人’。”

什么叫“第一个吃螃蟹的人”？

传说原来螃蟹并没有名字，是一种很凶恶的甲壳虫。它有两只大钳子，只要能夹住的东西，它都不会放松，而且会毫不犹豫地吃下去。它不仅偷吃人们的粮食，还常常夹伤人的手指。

有一天，治水的大禹派一位叫巴解的人去江南督工。巴解发现这种甲壳虫的钳子很厉害，会把人们辛辛苦苦铸成的防洪大堤摧毁，于是想了一个办法，在城门口掘出一条大水沟，水沟里都是热水，甲壳虫一过来，就掉进热水里烫死了。巴解把甲壳虫掰开后，闻着很香，禁不住咬了一口，味道竟然非常鲜美，比什么都好吃。

从这以后，这种甲壳虫成了人们餐桌上的美食。大家为了表示对巴解的感谢，就在解字的下面加上一个虫子，给这种甲壳虫起名叫“蟹”，认为巴解是“第一个吃螃蟹的人”。

听了这个故事，大家对巴解的故事都很感兴趣，也都愿意在学习上做“第一个吃螃蟹的人”。

老师问大家，除了这个典故，还能想到别的与螃蟹有关的成语吗？

▲横行霸道的螃蟹

天天第一个举手说："横行霸道。"

老师对天天竖起了大拇指，夸奖天天很聪明。

为什么"横行霸道"这个词与螃蟹有关呢？这是因为螃蟹走路和一般的动物不一样。别的动物都是往前走，螃蟹却是横着往旁边走。它们走路的模样太奇怪了，而且还看起来很霸道，所以叫"横行霸道"。

螃蟹确实很"霸道"。它们有很硬的外壳，所以一般的动物都没法欺负它。它们的身上长了一对大钳子——蟹螯，既能挖洞，又能打败敌人，海里的小鱼小虾都很害怕它。

螃蟹的身上除了一对蟹螯，还有四对脚分布在它身体的两侧。这八只脚叫步足，显然是用来走路的。

螃蟹的步足和人的完全不同。人们的胳膊能够往里拐，也能前后活动，

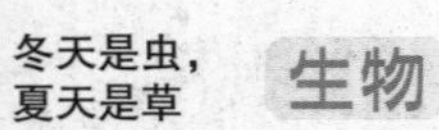

人的膝盖能帮助腿前后活动，所以人既可以向前走，还可以往前爬。螃蟹的步足，虽然每一个都有7节，看起来很灵活，其实这些关节只能上下活动，很难前后活动。如果你抓住螃蟹摇晃一下，它的八只脚就会上上下下地乱动，但却从不会前后活动。如果你硬要使它的腿前后挪动，那非把它的腿折断不可。

因为螃蟹有了这样的脚，所以是永远学不会往前走的，它只能“横行”。

螃蟹怎么会长出这么奇怪的脚呢？有人说，螃蟹是靠地球磁场来辨别方向的。它的身体内有一个确定方向的小磁体，只要地球磁场不变，它就能感觉出哪里是南，哪里是北，很快就找到自己的家了。

可是在漫长的岁月中，地球的磁场也在不断变化，以前是南极，现在可能是北极，以前是北极，现在也许变成了南极。地球磁场变了，螃蟹就可能无法利用磁场找到回家的路，还可能走错方向，走到一个它不认识的地方去。为了使自己能够在这些变化中生存下来，螃蟹渐渐不再相信往前进、往后退的走路方式，而是不管地磁场怎么变，它永远横着走。这可真是“以不变应万变”呀。

螃蟹家族中也有例外存在。有一种和尚蟹就能向前进，还能让身体高高地离开地面行走。蜘蛛蟹更有意思，它们是攀爬高手，能够沿着海藻垂直往上爬。但是，这只是螃蟹家族中的特例罢了。

科学小链接

螃蟹行走时的具体过程是怎样的？

螃蟹行走时，用一侧的步足抓住地面，固定好身体，另一侧步足向外伸开，当它的脚尖够到足够远的地方后就开始收缩。这时原先固定身体的步足马上伸直，在步足的力量推动下，螃蟹的身体就向相反的横向前进了。但是由于这些步足并不一样长，所以螃蟹行走，也不是真正的“横行”，而是向侧前方运动。

饿肚子的秘密：不冬眠反夏眠的海参

处于成长期的天天饭量可大了，常常吃了一顿大餐，过不了多久就觉得饿，立刻回家找妈妈要吃的。

每次看到天天从外面运动回来以后翻箱倒柜的样子，妈妈都不由地笑起来："你可真是个贪吃鬼。"

天天一边把面包往嘴里塞，一边回敬妈妈说："贪吃鬼怎么了，世界上的动物哪个不贪吃？饿了就要吃东西嘛！"

刚说完，天天又觉得自己说错了。是啊，家里养的乌龟饿了就不一定吃东西。每当冬天来临，那只巴西龟就天天在睡觉，很少吃东西。难道它不饿吗？当然也饿，可是乌龟对于温度是很敏感的，如果天气太冷，它的整个身体的新陈代谢就会大大下降，会用长时间的睡觉来弥补饥饿的感觉。

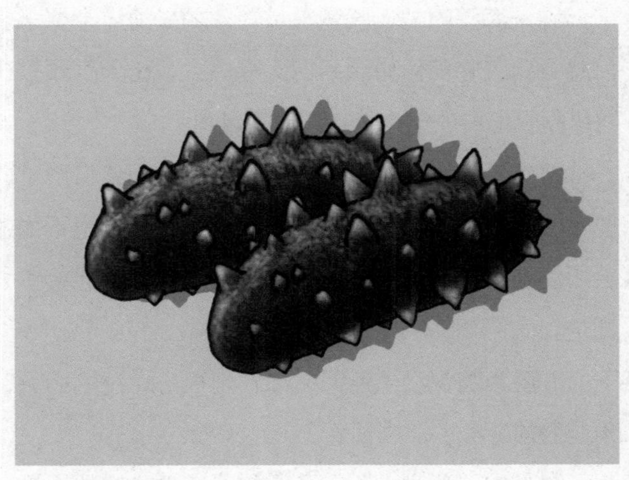

▲海参的身体

妈妈说，动物和人可不一样。人类很聪明，总是能储存大量的食物在家里，想什么时候吃就什么时候吃。动物就不同了，大部分动物都不太会储存食物，就算储存了，也不够它吃的，所以青蛙啊，蛇啊，乌龟啊，狗熊啊……都学会了冬眠，它们能睡整整一个冬天呢。

天天却说："要是我，肯定不会在冬天睡大觉，冬天有雪，可以打雪仗、堆雪人，多好玩儿！但是我可以'夏眠'，在夏天睡大觉。不过，肯定没有什么动物在夏天老是睡大觉吧。"

世界之大，无奇不有，谁说没有"夏眠"的动物呢？海参就是其中之一。

相信小朋友都听过海参的名字吧，它是在海边不远处生长的一种软体动物，大概有成人的大拇指那么大，每天在海水中游来游去，吃海底的水藻和浮游生物。它的身体软软的，把它放到盘子里，好像能融化一样。它身上长了很多肉刺，看起来很像狼牙棒。海参最著名的还是它的食用功能了，它可是和人参、燕窝、鱼翅齐名的美食，既可以作为食物宴请亲朋好友，也可以作为药材滋补身体，非常珍贵。

海参看起来既没有眼睛，又没有脑袋，只有一个两头细中间粗的肉肉的身体，显得笨笨的，它是如何躲避危险的呢？其实海参的身体非常敏感。

它是海中的"变色龙"。当它生活在岩石和珊瑚礁附近时，就变成了棕色或者淡蓝色；当它生活在海草当中时，就变成了绿色。它的变色能力，使它躲过了很多敌人的搜捕，好多要吃它的鱼类都看不清它的位置。

它是海洋的"天气预报员"。如果海洋上要来暴风雨，海参的身体就会提前感觉到，它就偷偷躲到石头缝里去，比天气预报还要准。常常打鱼的渔夫们可以根据海参的这个特点预测暴风雨。

海参还善于"自杀"。别担心，它即使自杀了，也还能活过来。如果鲨鱼要过来吃掉它，海参游得不如鲨鱼快，体形也不如鲨鱼大，怎么办呢？它竟然会用力把自己体内的五脏六腑全都喷出来，让鲨鱼去吃这些脏器，自己则趁机逃走。

五脏六腑都没了还怎么活？别担心，过上50天，它还会长出新的内脏，是不是很神奇？

海参的"分身术"天下无敌。海参的身体是最变化多端的，如果你把活的海参切成两段，它们会自己长成新的海参。如果你用铁丝穿过海参的身体，再打上结，过上半个月，它能把这些铁丝甩掉，身上却一点伤痕都没有。如果你把海参从水里捞出来，它还会把自己融化成液体呢，就像水一样。不过自融后的海参无法复原，只能彻底死去了。

海参的身体如此敏感，它对周围海水的温度、光线的感觉就更敏锐了。海参不喜欢太高的温度，它的身体无法忍受阳光的长时间直射。如果水温超过20℃，它就会为了躲避高温而向海水的深处游去。可是因为海水深处太冷，没有很多小生物供它食用。于是海参只能选择饿着肚子在海底长期睡大觉，这就是“夏眠”。这是海参在温度和食物中间不得不做出的选择。

海参“夏眠”的时候，整个身体都不会那么柔软，而是变小，变硬，摸起来跟石头一样，所以就算它在睡觉，别的动物也不会吃掉它。它的背面朝下，肚子朝上，呼呼大睡，能睡一个夏天呢。等到秋天到了，天气变凉，它又可以游到海水上层寻找食物了。

如何才能买到好的海参呢？

1. 观看海参的颜色。好海参皮肤上的纹路很清晰，颜色看起来很自然。一般海参的颜色是棕色、灰色等，很少有通体黑色或白色的。

2. 如果是干燥的海参，一定要挑选干瘪的，太过饱满的海参可能是加了明矾的缘故，不适合食用。

3. 购买海参不要贪便宜，要看看干海参的水发率。好的海参经水发以后，可以变成原来10倍的重量，不好的海参，连5倍都变不成，而且会很容易碎掉。

蜻蜓和水蚕：蜻蜓点水款款飞

天天很喜欢到农村老家去和爷爷奶奶一起玩儿。爷爷奶奶所在的农村，到处是碧绿的植物，有清清的水流，汪汪叫的小狗，还有各种各样的小昆虫，那里可比城市里要好玩多了。

这个暑假，天天结识了很多小伙伴，他们成天在一起摸爬滚打。虽然妈妈常常为此批评天天，可天天还是乐此不疲。

有一天下午，天天睡醒后想找邻居的小伙伴们玩，可怎么也找不到。爷爷说："小朋友们都去捉蜻蜓了。"

天天听了之后很高兴，马上就要往外跑。他早就把一首关于蜻蜓的诗背得滚瓜烂熟：

"泉眼无声惜细流，

树阴照水爱晴柔。

小荷才露尖尖角，

早有蜻蜓立上头。"

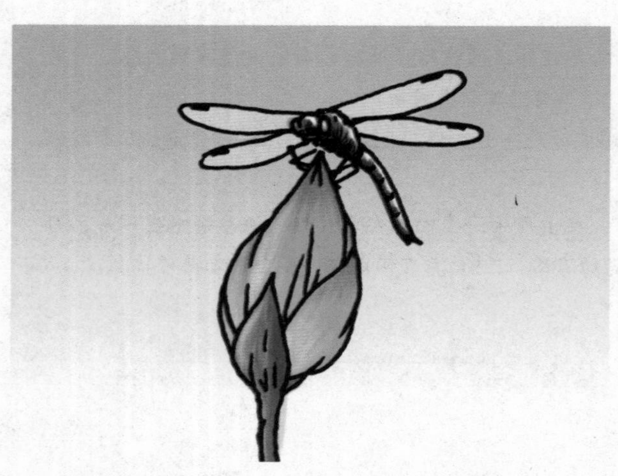

▲荷花上的蜻蜓

爷爷说："蜻蜓飞起来非常灵活，要先拿一根长长的扫帚，耐心等待蜻蜓的到来，然后用力一拍，才能把它抓住。"

天天也学着其他小朋友的样子，一边等待，

一边唱着吸引蜻蜓的歌，用心捉蜻蜓。可是连续几次都没有成功。有时候，天天悄悄跟在蜻蜓的后面，以为蜻蜓看不到它，用力一拍，可是蜻蜓好像早有预感似的，很快飞走了。它飞的时候，缓缓的、款款的，绕着半空飞，好像在向天天示威。

▲蜻蜓点水

“真扫兴，怎么跟在蜻蜓的身后，也能被它发现呢？”天天抱怨说。

蜻蜓是一种在空中捕捉小虫的昆虫，它有编织网一样透明的翅膀，常常在空中翩翩起舞，美丽又可爱。它们飞行的速度很慢，但是却非常灵活，差不多能避开所有敌人的进攻，原因是它们有一双特殊的大眼睛。

蜻蜓的眼睛看起来特别大，像两个大灯笼，比蜻蜓头部的一半还要大。仔细一看，这两个大眼睛可不只是大，里面还密密麻麻地排列着很多小眼睛。这些小眼睛数量很多，数都数不清，这种特殊的眼睛使得蜻蜓可以轻松地看到上、下、前、后的东西，还不用转过头。你以为你在它的后面，其实它早就看到你了。

如果一只小虫飞过来，蜻蜓的眼睛还能测量小虫飞行的速度呢，所以蜻蜓是昆虫界很有名的捕虫高手。

等到傍晚的时候，小朋友都各自回家去了。天天却不愿回家，他想看看蜻蜓的家到底在哪里。可是蜻蜓飞得非常灵活，想跟上它们真是难上加难。终于，天天在池塘边看到了一只蜻蜓。

只见这只蜻蜓的身体是红色的，翅膀在夕阳下闪着光。它的身体很轻，只轻轻扑动了一下翅膀，就飞到了水面上。天天仔细一看，蜻蜓的尾巴在水面上点了一下，就飞走了。水面上留下了一个圆形的小波纹。这就是大家常说的“蜻蜓点水”吧？只是蜻蜓为什么要到水面上点一下呢？

爷爷说，这是蜻蜓的产卵方式。当蜻蜓爸爸和蜻蜓妈妈一起孕育了小宝宝之后，蜻蜓爸爸就走开了，蜻蜓妈妈则负责把肚子里的宝宝——蜻蜓宝宝放到水里去。因为小宝宝只有在水底才能活下去。

蜻蜓的宝宝从卵里钻出来，在水底捕捉更小的动物吃。它们和鱼差不多，都用肺呼吸，身上也没有翅膀，一点也不像蜻蜓，我们叫它水虿。

水虿在水里要生活很长时间，而且不断蜕皮，等到两三年以后，已经蜕了十几次皮的水虿，身体长得足够大，就能够顺着水草爬出水面了。最后它在晚上偷偷地把最后一层皮蜕掉，变成了有一双大翅膀和一对大眼睛的蜻蜓。这时候它会很快学会飞行，还能捕捉小虫，成为名副其实的蜻蜓。

科学小链接

蜻蜓的生长经过了哪些阶段呢？

1. 卵。蜻蜓喜欢把卵产到有水的地方，如果天气寒冷，卵不会很快孵化，而是等过了冬天再活动。

2. 稚虫。稚虫从卵中爬出来，但是仍然被一层外骨骼包裹着。它会不断变态，不断蜕皮，直到长出蜻蜓的外表。但是这个过程非常漫长，大概需要1～5年。

3. 成虫。成虫就是我们看到的蜻蜓。在春天或夏天的某一个晚上或清晨，稚虫从水里爬出来，它的身体和翅膀渐渐变硬，紧接着变出美丽的颜色。这个过程很短，大概几个小时就完成了，而且十分精彩。成虫长成后虽然可以飞翔，但是它的寿命只有几周。

蜻蜓的成长过程中是没有蛹这一阶段的，所以叫作半变态发育。

荧光素：萤火虫的小“灯笼”

夏天的夜晚，乡村里到处充满着神秘的气息。天天常常睡不着觉，晚上跑出来观察天上那无数的星星和那条宽宽的银河。这时候，天上看不到月亮，只有星星们遥远又微弱的光芒。

星星虽然很多，但是大地上还是几乎漆黑一片。伸手不见五指，走路都要扶着墙呢。天天感到既恐慌，又好奇。他只能通过鼻子来闻闻来自田野里的野草气味，却看不到任何绿色。只有萤火虫，让这单调的夜晚变得神奇，让漆黑的田野变成了另一个星星的乐园。

天天第一次见到萤火虫，只看到一两点光，好像两颗小星星一边嬉闹，一边不小心落到了地面上。定睛一看，小星星在不断移动呢，它们的光忽明忽暗的，好像谁打着小手电筒，一开一关的。

▲田野里的萤火虫

后来天天经过耐心的等待，终于等来了大片的萤火虫。那是晚上的10点钟，只见田野那边忽然飞来一大片光芒，仔细一看，是一点点光芒的集合，这些光好像在比赛，你灭了，我就亮，你停了，我就闪。高高低低，前前后后，好像一个光芒的小海洋。

爷爷说："这是萤火虫爸爸寻找萤火虫妈妈呢！"

天天问爷爷："萤火虫的妈妈在哪里呢？"

爷爷说："你仔细看，在比较低矮的草叶上，会有几次更亮的光出现，这就是萤火虫妈妈对爸爸的回答。它们是用光在说话，爸爸发现了妈妈的光，就会找到妈妈的位置，和它一起生活。"

真奇怪，爸爸和妈妈用光来说话，大自然真是无奇不有啊！

爷爷说："嘘！我们捉一只萤火虫来仔细观察一下好不好？"

天天说："好啊！可是我担心捉过来以后，会烫伤我们的手。"

爷爷哈哈大笑着说道："胆小鬼！萤火虫的光叫'冷光'，它身体中的能量大部分变成了光，小部分才变成热，所以我们只能看到亮光，却感觉不到热，根本不会烫伤的。"

经过努力，天天终于捉到了一只萤火虫。他握着拳头，生怕萤火虫会跑掉，又不敢使劲握，担心萤火虫受伤。从拳头的缝里，可以看到闪闪的、黄绿颜色的光透出来，天天的手就变成了一个小灯笼。等天天想打开一点拳头仔细看看萤火虫的时候，却因为光太亮，根本看不清它的样子，天天又松了松拳头，凑近了看，没想到萤火虫竟然趁机飞走了。

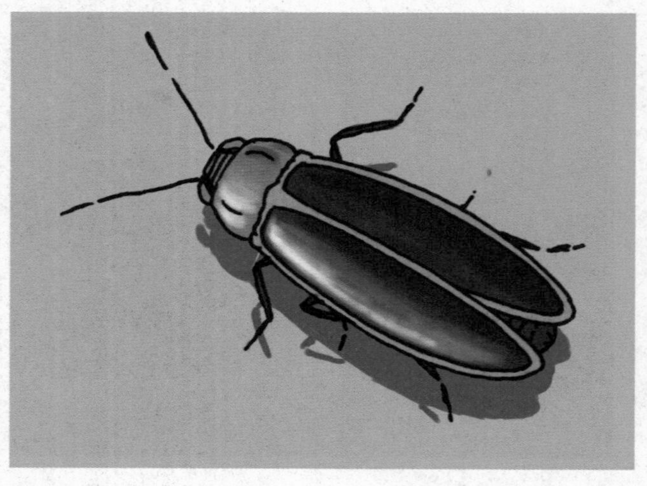
▲萤火虫的身体

爷爷说："天已经很晚了，我们回家休息吧。"天天却不甘心，想一直等下去。爷爷说，萤火虫的光一般只能维持2～3个小时，明天晚上我们再来的时候，它们才会再发光。

躺在床上，天天久久不能入睡。萤火虫的

身体有什么样的魔力，能够发出这么美的光呢？

萤火虫的光确实是美的，不仅有黄色、绿色，还有红色、橙红色，在夏天的田野里，简直是一道美丽的彩虹。

雄性萤火虫腹部的最后2节是它的发光器。萤火虫体内有一种含有磷的特殊物质——荧光素。白天，荧光素是安静不动的。到了晚上，雄性萤火虫为了寻找雌性，体内的发光细胞就会产生冲动，荧光素开始活动，促使磷等物质产生一系列的化学反应，于是就产生了光和热的能量。这些能量大部分都用来发光，少部分用来生热。它的细胞不仅能发光，还能反射光，好像既有灯泡又有灯罩一样，能把光传得很远。

雌性萤火虫的发光器只有1节，而且它们也不会飞，只能等在地上或草叶上。如果它们发现了雄性萤火虫的光，就会打开自己的发光器，发出更明亮的光作为回应，让对方能很快找到自己。

所以，萤火虫发光主要是为了寻找异性。也可以通过发光让同类的萤火虫找到朋友，一起飞翔。还能够通过发光警告那些想吃它们的蜥蜴们：吃了萤火虫的蜥蜴很有可能会死掉！

科学小链接

萤火虫可以养在家里吗？

萤火虫的一生大概要经过一年的生长时间，它的卵生活在有水的地方。经过3周的时间孵化成幼虫，幼虫可以吃蜗牛、蚯蚓、田螺、蛞蝓等小动物补充营养。经过10个月，才会爬到水边陆地上，用沙子等东西把自己包裹起来，变成蛹。蛹经过2周的时间变出翅膀，破蛹而出，成为能够飞翔的萤火虫。萤火虫的寿命很短，大概能活5天～2周，在这几天的时间里，它们只吃一点露水或蜂蜜，大部分时间用来寻找异性，产卵养育后代。

所以养萤火虫可不是那么简单的，晚上抓几只来观察一下它们的光还是可以的。不过一定要记得快点放它们出去，因为它们能够飞上天空，真不是一件容易的事。

蚂蚁的语言：蚂蚁是如何传递信息的？

爷爷看到天天经常一个人蹲在地上发呆，觉得很奇怪，就悄悄走过去，看看他在做什么。原来天天在拿馒头片喂蚂蚁呢。

天天把一小块馒头片放到蚂蚁常去的地方，过了一会儿，一只蚂蚁过来了。它开始用嘴咬住馒头，想把它拖走。可是馒头片儿太大了，蚂蚁拖起来很吃力。只见这只蚂蚁匆匆走了。

“蚂蚁真笨，拖不走，为什么不在这里吃饱了再走呢！”天天说。

爷爷说：“别着急，等等看。”

不大一会儿，许多蚂蚁都赶来了，竟然有几十只，像一片小黑影一样，不知道从哪里冒出来的。它们有的在后面推，有的在前面拉，有的在旁边使劲，还有的爬到馒头片上面去了。在大家的共同帮助下，比蚂蚁身体大得多的馒头片开始移动起来，像一辆小坦克一样慢慢往前走，一直走到了蚂蚁的家。

▲ 围攻不速之客的蚂蚁

原来那只蚂蚁是回去喊伙伴来帮忙了呀。可是，蚂蚁好

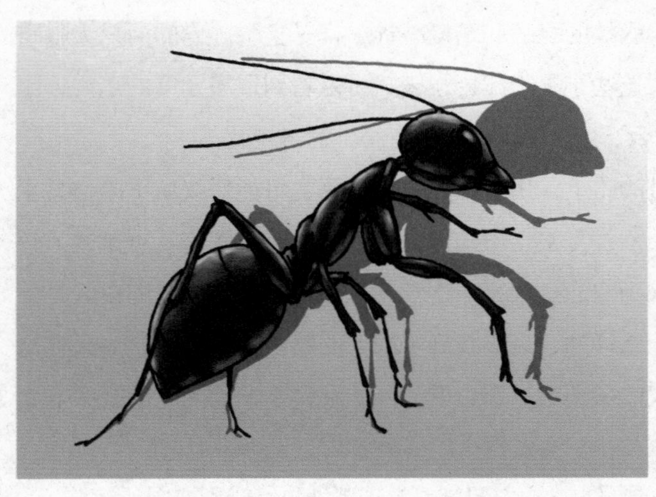
▲蚂蚁的身体

像是不会说话的，它们是怎么互相传递信息的呢？经过仔细观察，天天发现，蚂蚁们经常用触角互相碰对方，也许这就是它们的说话方式吧。

可是，如果蚂蚁的家离得很远，它还能轻易找到食物所在的地方吗?

蚂蚁不像人一样有各种语言，它们主要靠触角的触碰来互相交流，而且它们的嗅觉能力很强，一对大眼睛也能帮它们记住很多地方。

先说嗅觉吧。蚂蚁的头上有一对像鞭子一样的触角，遇到什么东西，它都用这双“鞭子”扫一扫，既能感觉一下可不可以吃，是软还是硬，还能闻它的气味呢。因为蚂蚁的鼻子是长在触角里的，它的鼻子不是一个，而是很多小孔组成的，这就是蚂蚁的嗅觉器官了。

蚂蚁怎么样用鼻子告诉大家这里有食物呢?

第一只蚂蚁发现食物以后，一边回家，一边在路上撒一些有气味的物质，这叫作信息素。这些气味我们闻不到，但是蚂蚁能闻到。它回家以后，用触角碰大家的触角，意思是外面有吃的，大家快去拿吧。大家就沿着它留下来的信息素一路找来，最终找到了这个馒头片。

蚂蚁的信息素保留的时间各不相同，最长的能保留十几天。传达的信息也不一样，蚂蚁可以通过信息素向同伴传达最多20多种信息呢。

每个蚂蚁家族身上的气味都不一样，它们可以用气味来区分对方是不是自己人，如果有别的蚂蚁胆敢侵犯自己的家，那负责站岗放哨的蚂蚁就释放出告警用的信息素，大家闻到以后，马上就明白了，个个摩拳擦掌，准备战斗。

再说说蚂蚁的视觉。蚂蚁的眼睛和蜻蜓一样，都是复眼。它的两只大眼睛里面各有50多个小眼睛，这些小眼睛配合起来，可以看到很多角度的东西，比如身边的砖头、天上的白云、远处的大树，还有脚下的水洼。

如果我们在蚂蚁走过的路上，用手抹掉一些土壤，可能蚂蚁留下的信息素就不见了。蚂蚁开始时会六神无主，不知道往哪里走才能回到家。可是过了一会，它就明白过来了，因为它通过观察，逐渐想起，来的时候天上的白云是什么样的，旁边的房屋是什么样的，最终找到了回家的路。这个时候，如果你拿了一块大木板，挡在蚂蚁的头顶上，那它就又开始乱爬了，因为它的视线受到阻碍，又迷路了。

不过蚂蚁的视力还是很弱的，它主要靠嗅觉来帮助自己辨别方向。

科学小链接

相传刘邦的大将韩信很了解蚂蚁的习性。

他在对手项羽后退的路上，用又甜又黏的糖汁写下了四个大字“项羽必败”。项羽被打败以后，来到这个地方，正准备渡过大江，突然看到地上有这四个字，仔细一看，竟然是许多蚂蚁组成的。他十分吃惊，以为上天都觉得自己要彻底失败了，于是失去了战斗的信心，在乌江边上自杀了。小朋友们，你知道这是怎么回事吗？

因为蚂蚁的嗅觉是非常灵敏的，而且对甜味的东西尤其喜欢。当附近的蚂蚁闻到糖的气味之后，就互相通知，纷纷出洞。大家来到糖汁上，想一起把它运走，但是糖汁太稀，根本运不走。大家就在上面吃，可是糖汁又很黏，一时都被粘住，走不掉了。所以就形成了“项羽必败”四个字。

蚕和蚕丝：吃下绿桑叶，吐出白色丝

爷爷有一所小房子，平时总是锁着门，从不让天天随便进。有一次，天天看到爷爷把一个个木头架子搬进去，架子上一层层放着竹垫子。还有的时候看到爷爷把一些稻草、小木条捆成一束一束的往里搬。这里面这么神秘，到底放着什么东西呢？

一天早上天天醒来后，却不见爷爷的踪影，他很焦急地在门口等着。终于等来了手里满是树叶的爷爷，这些叶子发出新鲜又有点刺鼻的味道。天天问爷爷，这是什么树叶，为什么闻起来这么奇怪。

爷爷说：“这是桑叶，是给蚕宝宝吃的。”

原来爷爷在养蚕。天天从小背诵的三字经里面就有“蚕吐丝，蜂酿蜜”的句子，这下可以亲眼看一看蚕是怎么吐丝的了。但是爷爷却不让天天进去，怕天天一不小心伤害了那些小小的蚕宝宝。

天天软磨硬泡好几天，爷爷才松了口，要天天保证绝不用手去碰，才让他进去。

原来里面有好多的蚕，它们的长相实在不能算好看，像白色的小

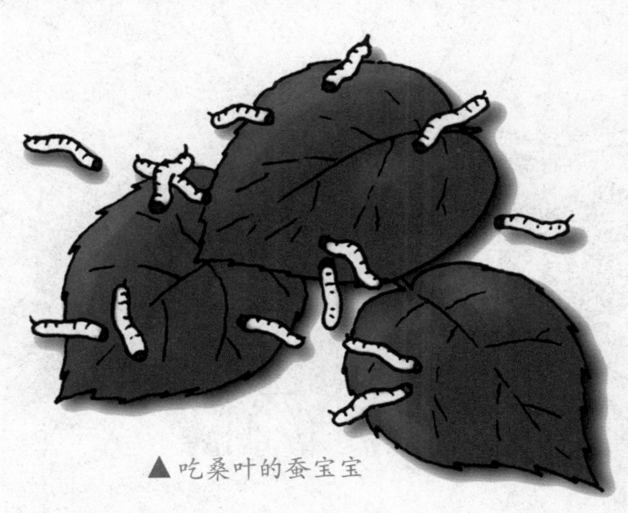

▲吃桑叶的蚕宝宝

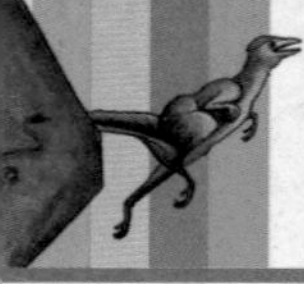

虫子一样有着长长的身体。它们一个个在竹垫上爬动着，和桑叶混在一起，仔细一看，个个都在不停地吃桑叶，连看都不看天天一眼，房间里充满了窸窸窣窣的声音。时间不长，那些桑叶已经变成了一根根的小树枝了。

“蚕可真能吃！”天天说。

爷爷说：“蚕的食欲是很强的，它们几乎每天都在吃，除非蜕皮的时候才会停下来。所以有一个词语叫‘蚕食’，意思是像蚕那样慢慢吃，能吃掉很多很多东西。”

“那它们什么时候才会吐丝呢？”天天问爷爷。

爷爷说：“它们隔几天就蜕一次皮，一共要蜕4次皮才算是基本长大了。这还不算完，它们要再吃8天的桑叶才能有力气吐丝。”

原来要等这么多天哪！天天决心耐心等待。等啊等，终于有一天，爷爷兴奋地对天天说：“蚕开始吐丝了。”

天天赶紧去看。

只见蚕已经不再吃东西，而是被爷爷放到了一个布满小树枝的架子上。那些胖嘟嘟的蚕宝宝正从嘴里缓缓地吐出一些很乱很散的丝出来，这些丝把相邻的树枝都连接起来，好像蜘蛛在结网。过了好久时间，蚕觉得这个网已经十分结实了，就改变了吐丝的方式，开始用“S”形的方式吐出有规则的丝，渐渐地，形成了一个像小包裹似的东西，又像是蚕的衣服。

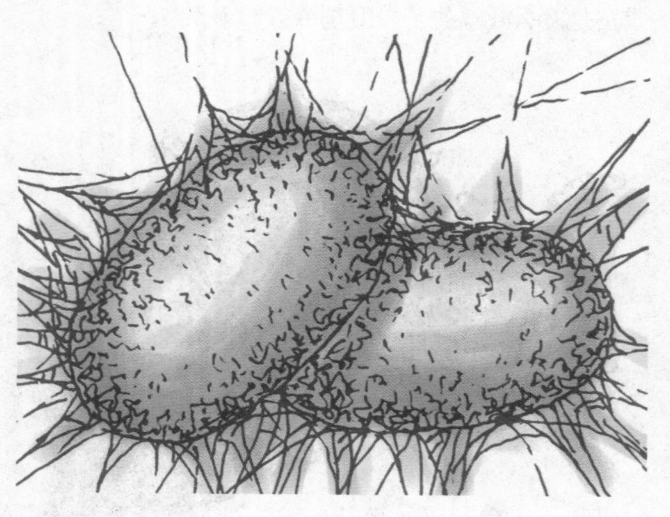

▲吐丝的蚕

这时候天已经黑了，蚕们还在不断地努力着。

第二天，天天

又来看时，蚕的身体已经弯成了一个“C”的形状，蚕吐出的丝也逐渐变成了“∞”的样子。它们的身体已经变小了，可能是因为身体里抽出了太多丝的缘故吧。但是这个厚厚的衣服——茧却显得又大又厚，看不到蚕在里面做什么。

天天很想用手去摸一摸蚕茧，但是爷爷不允许。爷爷说：“它们吐出的丝虽然多，但是还很柔弱，不要碰它们，要让它们自然地生长。”

“那会长成什么样呢？”

大概4天以后，里面的蚕会变成蛹。蛹的样子和蚕大不一样，它不仅有眼睛和触角，还有脚和翅膀。再过十几天，蛹的身体变软，皮肤长出皱纹，颜色也变深，它就要从茧里面钻出来，变成蚕蛾。等蚕蛾再产下卵，我们又可以看到新一代的蚕宝宝了。

“但是，”爷爷咳了咳说，“人类需要用蚕丝做成舒适的衣服和棉被，所以没等到蚕蛹变蛾，就把蚕茧取下来，经过很多阶段的处理，把里面的丝抽出来，然后像织布一样，织成了美丽又柔滑的布料，这就是丝绸。中国的丝绸天下闻名，自古以来，人们就把从中国运送货物到西方去的一条路叫作‘丝绸之路’。”

原来小小的蚕身上藏着这么多的知识和文化呢。

如何辨别丝绸的真假呢?

1. 真丝绸摸起来十分柔滑，但是和塑料的滑可不一样。把真丝绸抓一把，松开，没有皱巴巴的感觉。真丝绸冬暖夏凉，假丝绸夏天不凉快，冬天更加冷。

2. 把真丝绸的丝抽出来，燃烧后有头发烧焦的味道，如果是假丝绸的话，就和蜡烛的味道差不多，还会留下燃烧后的小颗粒。

3. 真丝绸容易染上颜色，假丝绸什么燃料都染不上去，就算染上去，用清水一洗就没有了。

第五章 领略植物王国的风采

被子植物：“有花植物”中的佼佼者

安妮很喜欢花，春天到了，她总是拖着妈妈去公园，看那些五颜六色的花：白色的是百合，红色的是玫瑰，粉红色的是桃花，金黄色的是迎春花……有的花是在路边草地上生长着的，像星星一样布满了一大片。有的却开在高大的树上，风一吹来，哗哗往下落，花瓣四处飞舞，公园变成了花的海洋。

整个春天都是花的王国，除了有花植物，谁也不能占领春天。

安妮喜欢把一些不知名的花戴在头上，一边闻着花香，一边自顾自地臭美着。别人见了都惊艳道：“谁家的小姑娘啊，真漂亮。”安妮更骄傲了。

可是不久安妮发现自己的脖子上、胳膊上起了一些红色的小疙瘩，很痒，一抓一大片。幸亏妈妈发现得早，及时到医院给安妮买了几片药吃，安妮才不那么难受了。

“真扫兴，本来还想出去采花戴呢！”安妮抱怨说。

妈妈却说：“春天容易花粉过敏，你身上痒是过敏的症状，所以不要和花有过多的‘亲密接触’。”

原来花的能量这么大，不仅占领了天空和大地，还不让人亲近它，这些有花的植物可真是霸道呀。

有花植物又叫被子植物，说起来真是一种霸道的植物。在所有的植物中，被子植物占了一半还要多。它们不仅数量众多，而且还是植物界中最高级的一类。它们都用种子来繁衍后代，而且把种子包裹在厚厚的果皮之中，谁都无法伤害它。所以被子植物能适应各种恶劣的环境，不论生存竞争多么复杂，它们都能产生新的变化，不断改变自己的生长方式，还能产生新的物种。

▲美丽的苹果花

什么叫被子呢？就是种子被果实包住的意思。如果我们看到一种植物天热了会开花，天冷了会结出果实，果实里面是它的种子，那么，不论它是很小的一棵草还是很高大的一棵树，它都属于最庞大的植物家族——被子植物。

一天，安妮吃苹果时随手把苹果核扔到了楼下的小花园里，到了第二年，这里竟然长出了两棵小树苗。妈妈说这是苹果树的种子发芽了。为了使苹果树有充足的土壤，妈妈拔掉了其中一棵弱小的树苗，留下了另一棵。

这一棵苹果树长得很快，安妮又经常给它施肥、浇水，第一年的春天就长到小狗狗那么高了，而且还开出了白色的花朵。安妮问妈妈："这棵果树也是被子植物吧，会长出苹果来吗？"

妈妈说："苹果树也是一种被子植物，但开花不一定就能结果，因为它的花朵还没成熟，必须长得足够成熟了，再进行授粉，才能发育成苹果。"

什么叫授粉？被子植物的每朵花都很漂亮，里面含有花粉，有时候蜜蜂来带走，有时候风婆婆来吹动，花粉就会从一棵树到达另一棵树，从一朵花到达另一朵花。当不同的花之间传播了花粉之后，种子就会产生，慢慢长大。为了保护种子，被子植物会在种子的四周长出果实来。有的果实味道甜美，人们可以吃掉它，把种子又扔到地上生根发芽，有的种子有坚硬的外壳，在干燥的地方待上几年也不会腐烂，还有的种子会随着动物的身体到处游荡，直到找到合适的地方安家。所以苹果树也是要有授粉的过程才能长出鲜美的苹果的。

安妮等啊等，第二年花又开了，风吹来了，蜜蜂飞来了，安妮很高兴，心想，今年苹果要长出来了吧。可是苹果却没有长出来。第三年，蜜蜂又飞来了，风也吹来了，到了秋天果然变成了红色的苹果。安妮高兴极了，心里不断赞叹被子植物的生命力之强。

科学小链接

小朋友们，春天到来的时候，到处都是被子植物的花朵。随便找一朵花，观察一下它是什么样的呢？

被子植物花朵的外层最美丽的是花冠，大部分是红色的，能吸引很多的昆虫飞来飞去，帮助花朵授粉。最中间有一支稍微粗一些的花蕊，那是雌蕊花柱。围绕着花柱有很多细细的花蕊，那是雄蕊群。花蕊成熟以后，有时候风轻轻一吹，雄蕊上的花粉就会漫天飞舞，一直飞到其他花的花柱上去。这时候花粉中会产生两个雄配子，它们钻进雌蕊的卵细胞中使它受精，产生胚和胚乳。胚发育成种子，胚乳为它提供营养，就成为另一棵植物的开始了。

裸子植物：赤裸着种子的植物

总有些植物是昆虫们所不喜欢的。

它们虽然是绿色的，但是却不够翠绿，看上去颜色发暗，一点也不讨喜。它们的叶子往往不像被子植物那么柔软，不是条形就是针形，让人离得远远的，生怕被它扎到。而且从没见过它们开出鲜艳的花朵，既没有红色的花冠在树上闪烁，也没有金黄色的花蕊在树上发光。

和被子植物一样的是，它们也有种子，它们的生长也是从一颗小小的种子开始的。只不过它们的种子是裸露的，是一下就能看见的，外面从不包裹好吃的果肉。

这就是裸子植物。

爱花的安妮当然也看不上裸子植物。

▲ 黄山迎客松

有一次去黄山旅游，安妮一眼就看到了在岩石边张开双臂迎接游客的一棵大树。那棵树有着强壮的树干和暗绿色的树枝，树枝上一堆一堆的像是叶子，但没有哗

▲一种裸子植物圆柏的种子

啦啦的声响。但是它那有力的枝条却像胳膊一样向你招手。

爸爸说这是迎客松。

“现在漫山遍野都是花，它怎么不开花呢？”安妮问。

“松树是一种裸子植物，其实它也是开花的，但是它的花开得很小，而且没有美丽的花冠，不是真正的花，我们也看不到。在我们不注意的时候，它们的花粉已经在风的帮助下落到另一朵花里，形成种子了。”爸爸说。

冬天到了，爸爸和安妮来小兴安岭赏雪，满山都是松树。爸爸找到一棵松树，对安妮说：“你看，这棵松树叫红松。树枝上长满了圆锥形的、像菠萝一样的东西，这就是它的种子。种子有很多，都被鳞片包着，现在有很多已经成熟了，不信你用手碰一下。”

安妮用手轻轻碰了一下松枝，果然很多种子都掉下来，落到雪地里。爸爸说，等雪融化以后，这些种子又可以生根发芽了。如果没有合适的环境，这些种子就会一直待在壳里，连续几年都不会死去，直到有了合适的环境为止。

看来裸子植物比起蕨类植物是先进多了，它们不用靠水，就能繁衍后代。

在古老的中生代，爬行动物盛行的时候，正是裸子植物的天下。

裸子植物的种子在形成之前，一直躲在植物妈妈的身上，受到最好的保护，不用担心没有养料和水分。等到它们成熟，就离开妈妈，萌发成新的植物。

裸子植物很能适应寒冷的环境，在北半球的大森林里，大部分的植物都是裸子植物。这是因为裸子植物的身体里有两个运输系统，地底下的水分既能从它的树干里运输，也能从树皮里运输，向上向下都没问题，所以再干旱的气候，它们也不会轻易死去。而且它们的叶子都那么狭窄，蒸发起来比被子植物和蕨类植物慢多了，可能水分还没蒸发完，下一场降雨就来到了。所以裸子植物是最有耐力的植物。

裸子植物的身体还非常坚韧，任何动物想去啃食一番都会遇到麻烦，它们的叶子也不那么好吃，谁愿意自讨没趣呢？所以它们的天敌很少，能长时间地活在地球上。

科学小链接

如何区分裸子植物和被子植物

1. 看种子。裸子植物的种子是裸露在外面的，没有果皮包着。被子植物的种子都包在果皮之内。

2. 看叶子。裸子植物的叶子都很简单，大多数是针形或者鳞片型，像银杏叶那样的扇形是很少见的。被子植物的叶子形态多样，构造也很复杂。

3. 看花朵。裸子植物没有真正的花，被子植物有真正的花，而且大多数花像轮子一样排列起来，很好看。

4. 看根须。裸子植物的根大部分是直的，被子植物的根像胡须一样，又细又多。

5. 从整体来看，裸子植物大部分是一棵棵的大树，是高大的乔木，而被子植物有的是高大的树木，有的是低矮的小草，什么样的都有。

植物种子的传播：让宝宝四海为家

安妮是个很喜欢运动的小姑娘，而且还是学校里的长跑冠军呢。

每次出门，她都蹦蹦跳跳的，好像得了多动症。不过医生说了，安妮并没有多动症，而是身体健康，适合运动。安妮也是个很有探索精神的小姑娘，什么都想摸一摸，什么都想动一动。

是啊，周围的世界太大了，不去探索一下，怎么对得起自己的运动细胞呢？

有时候安妮也会安静地思考。比如当她看到一株美丽的花，就会想，花没有双腿双脚，虽然开得很美，可是并不能像我一样到处奔跑，多可惜呀。

她禁不住问妈妈："植物的一生只能在一个地方生长吗？它们的孩子怎么离开妈妈的怀抱四海为家呢？"

妈妈说，植物有各式各样的运动方式，虽然比不上牛马的脚和鸟儿的翅膀，可是它们的后代却能遍布全世界，这是因为它们的种子有很多种传播方式。

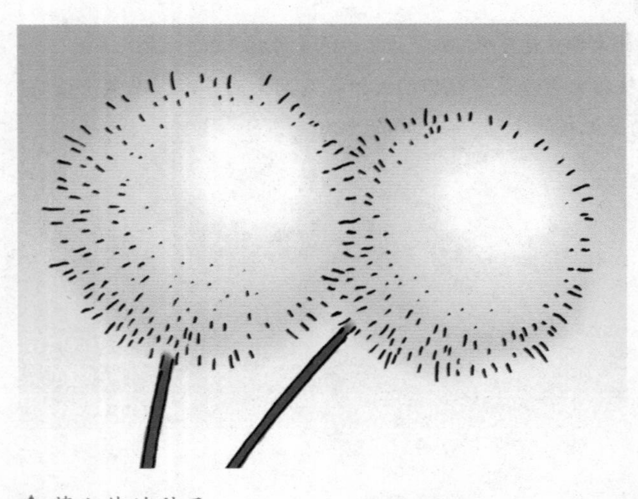

▲蒲公英的种子

安妮找到草地上的一株蒲公英说："蒲公英这么小，它能有什么本领呢？我想它的后代也就只能落在它的脚下生长吧？它是不是世世代代都要在同一片土地上生活？”

妈妈摇摇头。

▲苍耳的种子

蒲公英的果实是瘦瘦小小的一个干燥的壳，看起来很不起眼，可它成熟的时候就会长出比身体大很多倍的绒毛。远远看去好像一把降落伞，随着风飘呀飘，飘到水边，飘到人的衣服上，飘到高高的大树上，飘到很远很远的地方去，然后在某个不知名的地方生根发芽。

榆树的种子则长着小翅膀，借助风的力量，它好像风筝一样，能飞到四面八方。

风可不是植物传播种子的唯一方式。

池塘里本来只有一两朵荷花，可是一年之后，半个池塘都长满了荷花。这是为什么呢？因为莲的果实——也就是莲蓬——体重很轻，它们可以像小船一样漂在水面上，随着水流到别处去，它们的种子也就落在了不同的水域。椰子的果皮很厚，就算掉进水里也不会腐烂，里面的种子悠闲自在地一边摇摇晃晃，一边吸收着椰果的营养，直到椰子结束了远洋航行，停靠在另一片大陆上。

植物的果实常常是很好吃的，喜欢吃它们的动物可真不少。樱桃不仅是人的最爱，也是鸟儿们喜欢啄食的对象。鸟儿见到颜色鲜艳又香甜味美的樱桃后，立刻落下来吃掉它，剩下樱桃的种子掉进土壤里。万一鸟儿把种子吃进去了，也不要紧，因为樱桃的种子很坚硬，鸟儿根本消化不了，它们会到更远的地方排下粪便，种子就藏在粪便里溜进了大地的怀抱。

哺乳动物见到植物的果实更是口水都流出来了，苹果呀、橘子呀、猕猴桃呀、

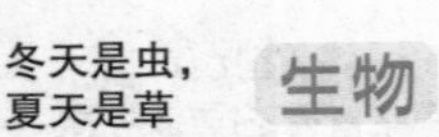

西红柿呀、梨呀、山楂呀……应有尽有的水果是哺乳动物的美餐。哺乳动物们一边奔跑着，一边大口吃着摘来的水果，一边把种子们扔到了不同的地方。

不过就算动物们不愿吃，有些植物的种子也有办法。它们浑身长满了刺、毛或者黏稠的液体，只要动物从这里走过，轻轻一碰它们，可就不那么容易掉下来了。苍耳的种子上有很多小倒钩，它会牢牢抓住动物的皮毛，借着动物的力量到达天涯海角。柳树种子上的绒毛也不少，只要动物从这里路过，它们就会借机跳跃起来，粘到它们的身上，直至找到合适的地方落脚。

有些植物的果实体重很大，又不怎么好吃，它们怎么离开妈妈呢？有一种名叫“喷瓜”的植物，成熟了以后，不管谁稍微一碰它，它的果实就掉下来，并且一下子把瓜里的种子像打喷嚏一样喷出去，能喷五六米远呢。野燕麦的种子聪明得让人难以相信，它们会通过旋转和伸直的方式促使自己移动，虽然动得很慢，一天只能前进1厘米，可是时间长了，它就钻进泥土里去了。

小朋友们，当你经过秋天的农田，听到绿豆地里传来“噼噼啪啪”的声音时，不要担心，那是绿豆的果实通过爆裂来把种子弹出去呢。豆类植物用自己的特有方式传播下一代，所以农民伯伯都会提前把绿豆秧收割到家里去，让绿豆们在庭院里从妈妈的怀里蹦出来，这样我们就能喝到好喝的绿豆汤了。

科学小链接

植物种子的传播方式有哪些？

1. 风媒传播：蒲公英、榆树、杨花。
2. 虫媒传播：桃花、梨花、月季花。
3. 水媒传播：睡莲、椰子。
4. 自身爆炸传播：豆类。
5. 动物传播：苍耳。
6. 人类传播：各种鲜美的果实。

花青素和类胡萝卜素的“小把戏”：五颜六色的花朵

安妮很喜欢唱歌，每遇到好听的歌都会跟着哼唱几天，直到把它学会为止。有一天安妮听到一首很好听的歌：

“花儿为什么这样红
为什么这样红
哎
红得好像燃烧的火
它象征着纯洁的友谊和爱情
……”

唱了一段时间，安妮忽然冒出一个想法：花儿为什么这样红呢？是为了比美吗？

带着这个疑问，安妮去找同学小川。小川调皮地说：“谁说花儿都是红色的，菊花不就是黄色的吗？”

▲红色的牵牛花

是啊，花也不都是红色的，而是五颜六色的，把我们的生活装点得美妙多姿。那花又为什么有各种各样的颜色呢？

小川说：“花的颜色也不是固定不变的，不如我们来做个实验吧。”

小川带安妮来到路边，找

▲橙色的凌霄花

到一些牵牛花。这些牵牛花好像一个个小喇叭一样，向着天空盛开着，里面还都长着黑豆一样的种子。最关键的是，它们都是红色的，显得非常鲜艳夺目。

小川对安妮说；“你先准备一盆肥皂水和一碗醋。”然后摘下一朵牵牛花，把它放进肥皂水里，不一会儿，花竟然变成蓝色的了。“太神奇了！”安妮喊道。

小川说：“还有更神奇的呢！”他又把这朵蓝色花浸到醋里面，花竟又变回红色了。安妮惊呆了：这是为什么呢?

小川说，这是因为牵牛花的花瓣里有一种“花青素”，遇到碱就变蓝，遇到酸就变红。肥皂水是碱性的，醋是酸性的，所以它发生变化很正常。

“我知道了，因为每种花生活的环境中水、土壤、空气的酸碱度都是不同的，所以它们的颜色可能就不同。”安妮说。

安妮说得有道理。有的花因为环境的变化，自己都要变很多次。比如红牵牛花，它刚开的时候一般是红色的，可是等到快要落的时候就变成了紫色。杏花在含苞待放的时候，看上去是红色的，可是过上十几天再去看，它已经是白色的了。这就是花青素的作用。

喜欢钻研的安妮又有问题了：“花青素，顾名思义，是与深颜色的花有关系的。那些黄色的菊花、郁金香，还有橙色的月季花，里面的物质也是花青素吗?”

这个问题可把小川难倒了，他们决定去问老师。

老师说，橙红色、黄色、橙色等颜色的花里面还常常含有一种叫“类胡萝卜素”的物质。之所以叫“类胡萝卜素”，是因为它的颜色和胡萝卜的颜色很相似，带有这种色素的花朵在太阳下就会显示出和橘子、南瓜等差不多的颜色。胡萝卜素容易反射太阳光中的黄色或橙色光波，我们看到的就是黄色或橙色的花朵了。

其实不论是红色的玫瑰、紫色的紫罗兰、蓝色的风信子，还是金黄色的菊花和橙色的凌霄花，以及让人眼花缭乱的其他颜色。花朵们争奇斗艳，互相比美，大部分还是为了吸引自然界的小昆虫来帮它们传播花粉罢了。小昆虫和人一样，都喜欢鲜艳的颜色，喜欢好闻的气味，喜欢甜甜的蜜汁，所以当它们看到这些美丽的花朵时，不由自主地就去采摘一番，这样就把花朵里的花粉也带到了别的花上去，花儿也就完成了它们的授粉，达到了繁衍下一代的目的。

每种昆虫喜欢的颜色都是不同的，花的颜色也就各不相同。

那为什么还有人看见过黑色的牡丹呢？难道还有小昆虫喜欢黑颜色吗？

这是因为人类也在对花朵进行不断的培养。人们根据自己的需要，不断选择一些花朵的颜色进行培育，最终培育出自然界中从来没存在过的花。

科学小链接

小朋友们，你知道不同的颜色，各代表什么样的感情吗？

红色：代表充足的活力、振奋的精神。看到红色，让人感觉激动、兴奋，充满力量。

黄色：代表聪明才智和光明，给人以崇高的权力和无比的神秘之感，也让人倍感温暖。

蓝色：代表冷酷、严肃和思想。西方人认为是信仰的象征，东方人认为代表着永恒。

绿色：代表生命、自由与和平，给人以希望和力量，让人体会生命之美。

橙色：代表快乐、温暖，还能让人联想到美味，使人觉得亲切，充满甜蜜感。

紫色：代表了神秘的力量，让人感觉到沉闷。有时候使人崇拜、仰望，体验到高贵的感觉。

膨压作用：
爱害羞的含羞草

安妮家来客人了，爸爸让安妮去开门。安妮高高兴兴地来到门口，刚一打开门，看到是一位陌生的叔叔，安妮也不说话，立刻躲到妈妈的身后去了，还拽着妈妈的衣角呢。

爸爸笑着对客人说："看这孩子，这么大了还怕羞。"

这位叔叔倒是很和气，从手里托起一盆花对安妮说："安妮，看，叔叔送你一盆花。这盆花的脾气和你可像了，都会怕羞。"

花也会怕羞？这怎么可能呢。安妮看过的所有花，都是在阳光底下争着开放的，从没听说过怕羞的呀。

安妮定睛一看，这盆花倒也奇怪：绿色的叶子像羽毛一样，互相对称地生长在一起，它的枝条都很细，很柔软，有的地方好像是透明的一样。它开出的花是粉红色的，好像一个个小降落伞，带着绒毛，更显得柔软了。这和安妮头上戴的绒花也差不多吧？只是稍微小了点。

这盆花这么弱小，又这么可爱，安妮禁不住要去摸一摸它。可是安妮的手指刚一碰到一片叶子，上面的小叶片们好像吃了一惊，立刻合了起来，正如害羞了一样。安妮觉得很好奇，稍微用力触碰了一下枝条，那枝条上的所有叶子都合了起来，还一个个耷拉着脑袋，好像做错了事，低下了头，真让人疼惜。

"这是什么花？怎么还会跟人一样害羞呢？"安妮问。

叔叔说："它的名字叫含羞草，是人们从南美洲的大森林里发现的。不管在哪里，它都是怕羞的。不管是人的手碰了它，还是动物的身体碰了它，还是雨滴落到它身上，又或者是大风吹过来，它都会羞得把叶子收缩起来，身体下

▲“害羞”的含羞草

垂，所以叫它含羞草。怎么样，安妮，是不是比你还要怕羞？”

安妮捂着嘴笑了起来：“和它相比，我才是小巫见大巫呢！”

含羞草为什么会怕羞呢？难道它真的和人一样，有人的感情吗？当然不是。

爸爸说：“我们来做一个实验。”

爸爸从厨房来拿起一棵已经失去水分的芹菜，只见这棵芹菜已经十分柔软，摸上去好像一位年龄很大的老婆婆。它的叶子也垂了下来，茎也弯了，从根的部分拿着它，根本不可能挺直。爸爸把它放到有水的盆子里，过了10分钟，爸爸对安妮说：“现在你可以再去拿这棵芹菜了。”

真奇怪，这棵芹菜比刚才硬多了，叶子好像也展开了一些，看起来“年轻”了一些。从根部拿起它，它差不多都可以竖起来了。

爸爸说，这是因为植物的身体里都储存着很多的水分，如果水分丢失，植物就会枯萎，如果水分充足，植物就很有精神。植物细胞里的水分会产生很大的压力，这就叫作膨压，它会使植物的茎和叶膨胀，看起来一点也不怕

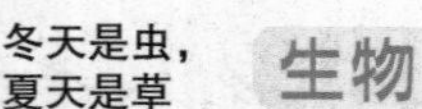

羞。

含羞草的身上也布满了有水的细胞，这些细胞好像被一个个大泡泡充满了一样，能够使含羞草的叶子和茎都竖起来。

因为它的细胞特别软，细胞壁特别薄，禁不住很大的力量，当我们用手去碰含羞草的叶子时，细胞里的水分就会顺着一根根管道流到下面的茎上去，叶子就收缩了。当我们的力量变大时，叶柄和茎接触的部分细胞里也会有大量的水分被挤压到外面去，叶柄里的膨压降低，细胞们没有办法支撑起叶柄的重量，整个叶柄也就下垂了。

含羞草对震动是非常敏感的，一阵风都可以让它“害羞”。可是千万不要连续拍打含羞草的身体哦，如果我们总是“挑逗”它，不断刺激它的细胞，那么它身体里的细胞液流失过多，得不到补充，可能大半天都不再张开叶子冲我们“笑”了。看来，含羞草也是会“厌烦”的。

科学小链接

如何养殖含羞草？

1. 含羞草喜欢温暖湿润的环境，要经常给它浇水，可以一天浇一次，保持土壤的湿润。也可以经常向枝叶上喷水。

2. 选一些由腐叶和沙土混合起来的土壤，或者是腐殖土，总之土壤要疏松、肥沃。

3. 含羞草是很喜欢阳光的，要把它放到阳台上靠窗户的位置，让它充分接受阳光。

4. 含羞草最怕冬天的严寒环境了。它喜欢20℃～28℃之间的温度，如果温度低于10℃的话，就要把它转移到温暖的房间里。冬天还要少浇水，免得把它的根冻伤。

小菌丝的大奥秘：没有根的蕈类植物

下雨了，整个世界变得很潮湿，树叶上、小草上都好像挂着一层层白雾。大家都不怎么出门，因为雨点会淋湿大家的新衣服，污泥会溅到刚买的鞋子上来。

安妮却喜欢下雨天，雨天过后，她又可以和几个小伙伴一起到森林里找蘑菇了。

这天安妮兴冲冲地提着她的“战利品”——一篮子蘑菇，来向妈妈炫耀了。说是蘑菇，其实也不全是。里面有从树根旁边采的灰色的小蘑菇，也有从树上采下来的黑木耳，妈妈一边翻着一边说：“这好像都可以吃。”

突然妈妈大叫起来：“呀，白毒伞！”

什么是白毒伞？就是一种在潮湿的地方生长的蕈类植物。它整个身体都是白色的，个头很小，比小拇指还要小，看起来很乖巧可爱。其实呀，它可是蕈类植物里的“头号杀手”，吃了它的人常常会死掉。

▲恐怖的白毒伞

妈妈马上用塑料袋把这些白色的

▲杂草中的蕈类植物

小家伙紧紧地包裹在里面，然后扔到了垃圾桶里。

安妮很委屈，她本来是想给妈妈一个惊喜的，没想到，连毒蘑菇都采来了，真扫兴。

妈妈说：“没关系的，蕈类植物是世界上很独特的一个生物门类，人们对它们的认识还不够，平时也很少见，所以认错了很正常，不要随便吃它们就可以了。”

安妮很好奇，拿起一个能吃的蘑菇仔细观察起来，发现这些蘑菇虽然样子都不太相同，但是个头都差不多，而且都没有根，采的时候轻轻一掰就取下来了。没有根的植物怎么能长大呢？

妈妈说，其实叫它们植物实在是不太合适，因为它们既没有植物的根，也没有茎和叶子，它们只能叫作真菌类生物。

“可是，妈妈你看，这个小伞的柄不是它的茎吗？这个小伞的盖不是它的叶吗？”安妮说。

不是的。安妮看到的柄其实是菌类的菌丝，伞盖是菌类的子实体。菌丝负责给子实体输送营养，子实体则负责接收光线、消化营养，最重要的是产生它的后代——孢子。这些孢子都很小，肉眼是看不到的，但是数量很大，大概有几亿个。

当孢子成熟以后，会借助风和昆虫的力量到别的地方发芽。正像安妮会在雨后采集到蕈类一样，蕈类喜欢在温暖潮湿的环境下生长，并且要有很多的腐烂物质。从人类的角度来看，蕈类是最喜欢肮脏的环境的。

它们在腐烂的地方起着清道夫的作用，能将腐烂的木头、动物尸体分解成植物需要的营养，所以很多植物喜欢和它们一起生活。如果一棵大树很老了，树干的很多地方都枯死腐烂了，风一吹来，它就摇摇晃晃，十分危险。别担心，蕈类生长在它的身上，能帮助它分解掉腐朽的部分，那风吹过来时，它就有了抗风的能力，说不定，第二年它还会长出新芽来呢。有一种叫鬼兰的植物，它的种子必须要靠蕈类的帮忙才能发芽，因为它们自己无法从腐烂的树叶里吸取营养，要等蕈类把腐叶分解成养料才可以。

人类更需要蕈类。如果没有蕈类的帮忙，可能世界上的垃圾早就臭味熏天，人们也没有办法处理。

人们还从蕈类里找到很多很多能吃的种类，最著名的要算珍贵的灵芝了。好的蕈类不仅可以给我们提供美食，让人们饱食一顿，还能帮助人们治疗很多疾病。

科学小链接

怎么区分哪些蘑菇有毒，哪些蘑菇无毒呢？

1. 毒蘑菇不容易区分，最好抱着谦虚的态度，根据科学书籍上的图片一一对照，不要自以为是。

2. 从外形上看，毒蘑菇的菌盖上常常有一些分散的斑块，菌丝上有一圈圈的不同颜色，好像穿了超短裙一样。

3. 从颜色上看，毒蘑菇往往颜色鲜艳，金黄色、粉红色、黑色、绿色……当然，也有白色。无毒的蘑菇以灰褐色居多。

4. 从气味来看，毒蘑菇的味道很特别，有点像胡萝卜。无毒蘑菇闻起来有点苦，有的又有点清甜。

5. 从手感来看，毒蘑菇撕开以后，摸上去感觉有很多黏稠的东西，并且会变色。无毒蘑菇的分泌物看起来很干净，而且颜色不易变。

珍贵的水杉：找不到“家人”的小树

爸爸带安妮去湖北省旅游，奇怪的是，既不去神农架，也不去武当山，而是带安妮来到湖北西部一个很偏远的小镇——谋道镇。

这里既没有繁华的高楼大厦，也没有险峻的奇峰异岭，一路走来，一切都显得很普通。

“爸爸，我们还要往前走吗？再走，就找不到回家的路了？”安妮笑着说。

“小傻瓜，如今交通这么发达，还担心回不了家吗。”爸爸说，“不过，今天我们去见一棵曾经找不到家人的小树。”

“找不到家人的小树？”安妮很奇怪。

▲ “天下第一杉”——湖北水杉王

看看我们周围的大树小树，一个个都是你依着我，我依着你，不是和爸爸妈妈手拉着手，就是和朋友伙伴枝连着枝，就算有几棵孤单的小树，也不过是从别的地方迁徙来的，毕竟还是有家人的嘛。世界上难道还有“找不到家人的小树”吗？

▲美丽的水杉

爸爸不多解释，两人一路往前走。走到一片池塘边，看到一棵古树。这棵树可真高，抬头一看，好像一直顶到天。它的树干粗得很，安妮这样的小姑娘，恐怕十几个人才能抱得过来吧。

“这还叫小树吗？这已经是参天大树了吧？”安妮反问爸爸。

不错，这棵树可不算小树，它已经有600岁了，它是世界上最古老的水杉树，被称为世界的“水杉王”“植物活化石”。为什么爸爸会说它找不到家人呢？

在一亿多年前，地球上非常温暖，就算是在遥远的北极，也有大量的树木生长，水杉就是其中的一种。那时候，它们个个体形高大，都有几十米高，树干很粗，树身好像一座座宝塔一样。它们的数量很多，秋天到来后，大树上的小球果随着风的力量到处滚动，只要找到合适的地方就立刻扎根生长。所以它们曾经有非常多的家人，到处是朋友，繁衍的速度也很快。不长时间，欧洲、亚洲和北美洲就都变成了它们的家。

可为什么现在这棵大树却孤单地生长在这里呢？600年前，它还是小孩子的时候，它的家人去哪里了？600年来它有没有感觉到孤单？

几千万年前，地球上发生过长时间的冰川期，那时候不仅北极被冰雪覆盖，空气稀薄的高原和高大的山脉上也到处是冰川，这些冰川堆积很多，甚至可以冲刷到平原上来。整个地球的温度下降了。虽然后来地球又变得温暖起来，可是冰川期并没有结束，而是隔一段时间又卷土重来。

在距现在250万年的时候，严寒的天气又到来了，地球上很多物种忍受不了寒冷，就灭绝了，也包括水杉的祖先。

但是很幸运的是，在中国的湖北、湖南、四川等省份，因为地形很复杂，

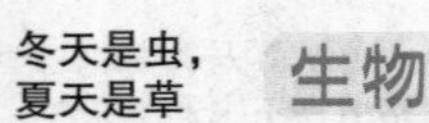

冰川的影响较小，竟然有水杉的后代奇迹般地活了下来。600年前，一棵水杉的球果形的种子落到这个池塘边的土地上，因为环境适合，就开始生根发芽。但是它却是一棵没有家人的小树。

后来这棵水杉长大了。看它的皮肤，是灰褐色的，经过岁月的冲刷，一片片脱落下来，里面又开始生长。它的叶子紧密地排列在一起，好像站好队的羽毛。它的球果也拥挤在一起，但很有顺序，还是蓝色的呢。等种子成熟了，就长出小小的翅膀，随风飞走。多么可爱的一棵树！

不过现在“水杉王”已不再孤单了。自从人们发现了它，就知道它是一万年前遗留下来的“活化石”，是一种十分少见的树。人们用它的种子在世界各地广泛种植，使它的子孙到达了更广泛的地方去繁衍生息，遍及了中国以及世界上50多个国家呢。水杉还是中国和世界各国人民之间友谊的桥梁，如果它知道这些，就不会觉得孤单了吧？

科学小链接

水杉的生活习性

种植水杉的地方最好气候温暖又湿润，夏天很凉爽，冬天不要太冷，一年的平均气温在13℃左右。如果有山谷更好了，因为那里地势平缓、土层深厚，可以积蓄很多的水分。

它是裸子植物，每年春天传播花粉，秋天就有球果成熟了，而且球果还可以吃呢。不过水杉的成长是很缓慢的，我们得耐心地等着它变高变大。

奇妙的马兜铃：给小虫子关“禁闭”

爬山的时候，安妮总是很调皮，她不喜欢从石头砌起来的山路走，专挑那些崎岖不平的小路绕。有时候还要抓住大树和藤蔓，找个没人走过的地方寻找刺激呢。不过这可真是惊了妈妈一身冷汗。

有一次，安妮在小树的茎上发现了一种缠绕着的植物。这种植物的叶子一片片像白云一样展开，形状又很像一颗心，全身翠绿，爬得到处都是。不过这些都不奇怪，奇怪的是它的花朵一点也不漂亮，颜色是紫的，又带着些花纹，而且看起来很像乐团里演员们吹着的大喇叭。

可不是吗？你看这朵花，有弯弯的身体，下面垂着一个大肚子，上面好像张着一张血盆大口，要把什么东西吞进去一样，仔细一看，里面还有绒毛呢。从旁边看，这朵花又有点像一个酒葫芦，只不过口小肚子大，要是谁飞了进去，那就糟了，真不容易爬出来。

“妈妈，这是什么花，长得这么难看，怎么还能吸引昆虫呢？”安妮问妈妈。

妈妈说：“这是马兜铃，就是《西游记》里面孙悟空用来混淆马尿的那种植物。至于它是怎么吸引昆虫的嘛……其实靠的是气味。”

▲会爬树的马兜铃

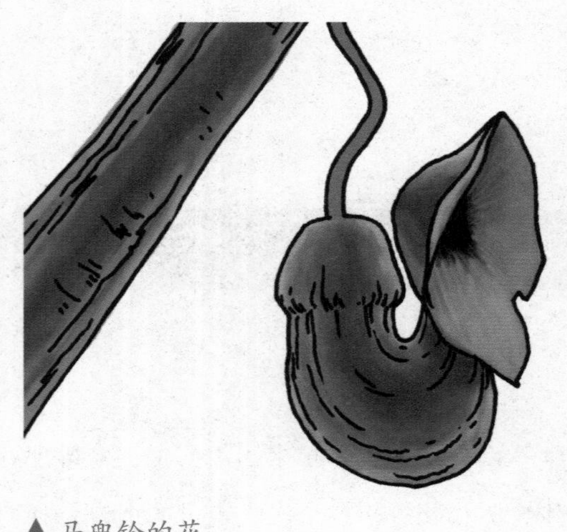

▲马兜铃的花

安妮觉得妈妈说话有点吞吞吐吐，就自己凑上去闻了闻。当时正是早上，马兜铃花开得正鲜，安妮这一闻不要紧，立刻跳起来，用手捂着鼻子说："真臭真臭，谁会喜欢这个气味啊！"

人类当然是不喜欢啊。可是大千世界，无奇不有，人不喜欢的味道，动物不一定就讨厌它。就好像人不喜欢吃草，可是牛马喜欢吃，人不喜欢臭味，可是苍蝇喜欢一样。总有那么一些小昆虫，它们是喜欢马兜铃的气味的，不仅喜欢，还要尽情地和它亲密接触，常常钻进这个大喇叭里去呢。

宁静的清晨，一只小蝇刚刚沾满了一些马兜铃的花粉，就又发现了一朵。它在远处就闻到它的"香味"了，所以赶紧飞过来，落到这个大喇叭口上去，生怕被别的小蝇抢了先。小蝇的身体很小，只有2～3毫米，所以这个大喇叭对它来说，就好像一艘大轮船那么稳当。

它先是不断盘旋、飞舞，寻找"香气"的来源，不一会儿就顺着大喇叭管壁上的绒毛爬到里面去了。虽然里面黑洞洞的，有点吓人，但是为了饱餐一顿，它也顾不了那么多了。

进到里面之后，才发现里面真的有很多的花粉，这些花粉都属于雄蕊，这时候还不太成熟呢，所以并不好吃。它转来转去，不断翻找，还是没有找到。可是这时候它想出来就很难了，因为管壁上绒毛都是朝下生长的，阻挡了它出去的路，真是"进来容易出去难"呀。

不过，小蝇并不会死在里面。

在翻找的时候，它身上沾到的别的花粉碰到了雌蕊的柱头上。这个柱头反应可真是灵敏，一旦接触到花粉，就产生一条管子伸到子房里去，实现了花粉的受精。

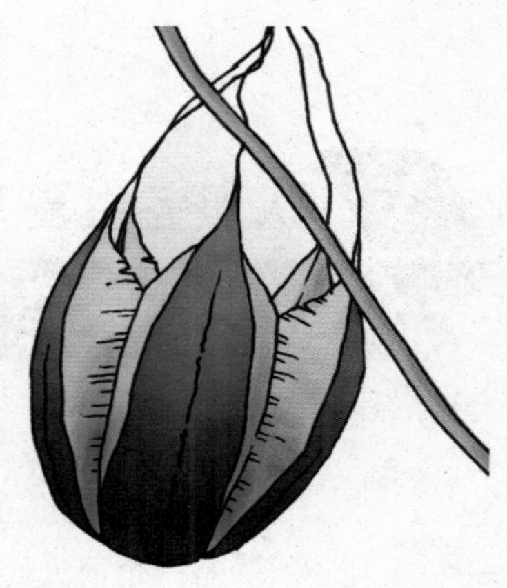

▲马兜铃的果实

在一天以内，柱头萎缩了，变小了，同时周围的花粉也成熟了。小蝇像个小饿鬼似的在花粉里窜来窜去，享受饕餮大餐，吃的同时，它的身上也沾满了花粉。

等到第二天的清晨，大喇叭里的绒毛已经萎缩，全都掉落下来，给小蝇闪开了一条大路。小蝇就带着满身花粉，放心地爬了出去。唉，终于结束了一天的“禁闭”生活。

谁知这只小蝇真是“不知悔改”，当它看到另一朵马兜铃花时，又不由自主地自投罗网了。

马兜铃花就是这样利用自身的特点来吸引小蝇，帮助它授粉的。

等到秋天，花朵都落了，马兜铃的藤上结了许多果实，这个果实像一个球一样坠在一条细细的果柄上，活像马脖子下的铃铛，还随着风来回摆动呢，只不过我们听不到它的声音罢了。这就是马兜铃名字的来历。

再过一段时间，这个铃铛变得干燥，分成六个瓣，上面分裂，下面连着，又像一个大网兜，这个网兜里装满了马兜铃的种子。如果你把那些薄薄的种子从网兜里拿出来，会看到它们都长着小翅膀。只要风吹来，它们就可以随着风飞到更远、更美的山上去。

科学小链接

马兜铃全身都是宝

马兜铃的果实可以用来制药，达到清肺、镇咳、化痰的功效；它的茎又叫天仙藤，能活血，也能祛风；它的根又叫青木香，能够解毒、利尿，还能止痛。制作中药的师傅们会在每年的深秋收取马兜铃的果实，制作药材，在冬天把马兜铃的根挖出来，清理上面的泥土，晒得干干的，同样用来制药。它的根里面还能提炼出芳香油，供爱美的女孩子保护皮肤之用。

认识冬虫夏草：冬天是虫，夏天是草

安妮的爷爷有一个很大的玻璃罐，里面用酒泡着很多奇怪的东西，看起来像树枝，但是一个个都比树枝小；看起来像蚕宝宝，但是又比蚕宝宝大；又像珊瑚树，但是是散开的；又像蘑菇丝，但又硬多了。

总之，好像泡着一些小虫子。

“爷爷，您怎么用小虫子泡酒喝呢？”安妮问爷爷。

爷爷捋着他的长胡子说：“这可不是一般的虫子，这是冬虫夏草。拿它泡酒喝能祛病养生、益寿延年哪！”

▲活的冬虫夏草

冬虫夏草？这个名字可太奇怪了，到底是虫子还是草呢？

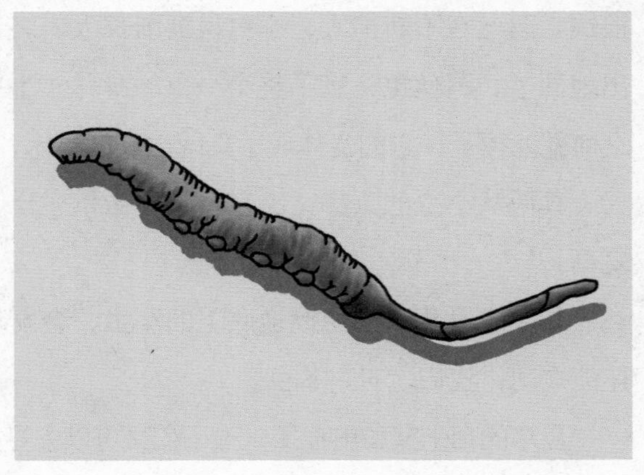

▲ 当做药物的冬虫夏草

爷爷说，是“虫草”。

安妮越听越糊涂，世界上的生物不是动物就是植物，或者就是菌类，难道还有既是动物又是植物的东西吗？

有的。

爷爷说，他年轻的时候在青海当兵。青海的大草原，潮湿又泥泞，那里有一簇一簇的灌木丛，还有长得并不茂盛的小草。当然了，更有数不清的小昆虫和各种菌类在大地上生存着。

每当春末夏初，许多牧民把放牧的任务交给别人，一个个背着小篓，来到草地上，去寻找那些紫红色的小草。这些小草大约手指头那么长，细细的，顶上还长着小菠萝一样的囊。他们把小草连根拔起，就会发现这些小草的根其实就是一个个的小虫，当然是已经死掉的。这些小草看起来既像草又像虫，所以就叫虫草。

不要小看这小小的虫草，它可是十分珍贵的中药材，就和燕窝、鱼翅一样珍贵。牧民们借此养家已经有很长时间的历史了。

其实，它既不能算植物，也不能算动物，而是一种真菌和动物的混合体。这与草地上的一种叫蝙蝠蛾的昆虫有关。

当高原上的夏天到来，冰雪融化，万物焕发了生机。蝙蝠蛾产下数不清的卵，在花上、叶上、地上，到处都是。这些卵很快变成小虫钻进湿润疏松的泥土中，因为它们要经过2年左右的时间才能长大，所以地底下的植物根茎是它们最好的食物。渐渐地，这些小虫长得又白又胖，浑身充满了营养。

这时候，一种真菌的孢子也渗透到了地下。这些孢子可真是好吃懒做的家伙，它们找到小虫后，就寄生在小虫的身体里，靠小虫的营养生活，而且长得

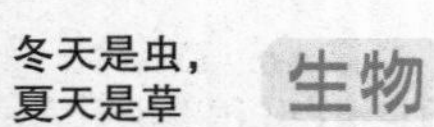

很快。菌丝在不断扩大，小虫也渐渐长大。终于，温暖的春天到了，小虫要钻出地面了，菌丝也充满了整个小虫的身体。小虫受不了菌丝的伤害，在钻出来之前就死掉了。它的身体成了真菌生长的温床，好像成了真菌的根一样。

真菌从小虫的头部钻出来，长得像草一样，这时候正是夏天，我们就叫它夏草。

如果冬天我们去挖掘地底下的小虫，会发现一个个像蚕宝宝一样的东西，还能蠕动，我们就叫它冬虫。

夏草的顶上又长出孢子，孢子们又可以去寻找下一个在地下寄宿的对象了。

所以，冬虫夏草其实是昆虫的幼虫和真菌的结合体，是活着的真菌和死去的幼虫结合在一起的东西。虽然这个东西很奇怪，但却含有多种营养成分，可以调节人体的内分泌系统和神经系统，增强人们对病毒的抵抗力，能够降血脂，治疗咳嗽，还能抗癌。

科学小链接

冬虫夏草会在什么样的环境中生长呢？

冬虫夏草原产于我国，早在明朝时期，就已经传播到欧洲的法国和英国了。冬虫夏草主要生长在以青藏高原为中心的高山和草甸上，因为那里高寒又湿润，适合蝙蝠蛾和真菌的生长。在我国，西藏产的虫草占全国的40%，四川省也能占到40%，云南省和青海省产量各占10%左右。冬虫夏草产量稀少，地域要求很严，十分珍贵。

小“脚”的作用：爱爬高的常春藤

安妮和她的同学们都喜欢“蜘蛛侠”这一电影角色，因为蜘蛛侠可以像蜘蛛一样吐出很多白色的丝，在墙壁上上下攀爬，一点也不受阻碍，好像在平地上一样。蜘蛛侠还可以借助它的丝，像荡秋千一样在空中飞舞，从一堵墙爬到另一堵墙，只靠一根丝就够了。

蜘蛛侠的故事让大家都有了做空中飞人的冲动，许多男孩子都借着墙上的凹洞登上又跳下，就算掉下来也不停止。女孩子们就没有那么大的力气，她们只能在脑子里想想蜘蛛侠的潇洒，做做梦也就算啦。

安妮有一次忽发奇想，拽住墙上的一些藤蔓想爬到墙上去。当然还是失败了，可是这些藤蔓的巨大力量引起了她的注意，因为她虽然很用力地拽，但是藤蔓上只有一点叶子落了地，大部分枝条都牢牢地趴在墙壁上，好像扎了根一样。

▲ 会爬高的常春藤

她仔细一看这些藤蔓，它们像绿色的瀑布一样紧密地挨着，爬满了整个墙壁。它们的叶子好像人的手掌一样，有5个手指，小的淡绿色，大的深绿色，中间还开着一些白色的小花。因为叶子太多了，看不清它们是怎样抓

▲花盆里的常春藤

住墙壁而不会掉下来的。

于是在生物课堂上，安妮向老师提出了这个问题。

老师说：“同学们，在植物界有两种植物的攀缘本领特别强大，一种可以称它为植物界的‘蜘蛛侠’，因为它是靠许多根丝接触到墙壁，变成圆形的小吸盘吸在墙壁上的。它就是爬山虎……”

安妮是见过爬山虎的，但她当时看到的那些藤蔓并不是爬山虎。

老师接着说：“另一种，可以称作植物界的‘百脚蜈蚣’，它的茎上长着一排排像刷子一样的小细根，有的在茎的一面生长，有的两面都生长，看起来既像梳子，又像蜈蚣，所以叫‘百脚蜈蚣’。它就是在冬天都充满绿色的——常春藤。”

原来安妮看到的植物是常春藤，这个名字非常好听。她打算再回去好好看一看常春藤的脚。

其实要看常春藤的脚，用不着非要到人家的墙壁旁边。在公园里，大树旁，常常可以看到这些掌形的叶子在迎风摆动，好像在向小朋友们招手。常春藤借助自己的小脚攀附在石壁或者树干上，为周围的环境增添了一道亮丽的风景。

常春藤茎上的根和别的植物的根不同，它不是生长在土壤或者水里，而是生长在空气里，它是不确定的根，所以叫作不定根，又叫气生根。可不是生气才长的根哦，而是在空气里生根的意思。

如果你用手摸一下常春藤那些又细又嫩的不定根，你会觉得它的上面好像涂了一层黏稠的胶水。它就是靠这些“胶水”让自己从小就找到一片坚硬的依靠，然后用力吸在上面。不管风吹雨打，还是别人拖曳，都很难让它离开那里。如果你找到一些较老的枝条，你还会发现，它的颜色已经是黄褐色的了，不定根已经和墙壁、树皮等地方紧密接触，不分你我，如果不用很大的力量，休想把它拉下来。

这就是常春藤的生命力。

常春藤不仅在户外让我们赏心悦目，而且被许多人养在家里，作为清洁空气的盆栽植物。常春藤可以吸收家具和装修材料里的苯、甲醛等有害物质。当家里养了一盆常春藤，它的茎就会长长地从空中垂下来，它的叶子一个个向人们挥动着，好像在一边鼓掌一边说：“生活真美好，我喜欢这种生活！”

科学小链接

如何养殖常春藤

1. 可以用扦插法新栽一棵属于自己的常春藤。在冬天以外的季节，找一个湿润的天气，从一棵常春藤上截取几节带有气生根的枝条，将它的有根部分埋进泥土中，剩余部分可以露在泥土的外面。如果环境合适，就会在不久之后发芽、长叶了。

2. 常春藤喜欢在20℃~25℃的气温条件下生长，冬季的气温如果低于5℃，它就会停止生长，甚至可能死去。

3. 常春藤喜欢温暖，但不要让阳光一直直射它的叶子，那样很容易造成灼伤。

4. 浇水不要过勤，只要保持泥土湿润即可，浇水过多，常春藤的根会烂掉。

5. 如果花盆在地上，要给常春藤树立支架，帮助它向上生长。如果花盆在半空，可以让常春藤的枝蔓垂下来随风飘荡，增加美感。

第六章 看不见的微生物世界

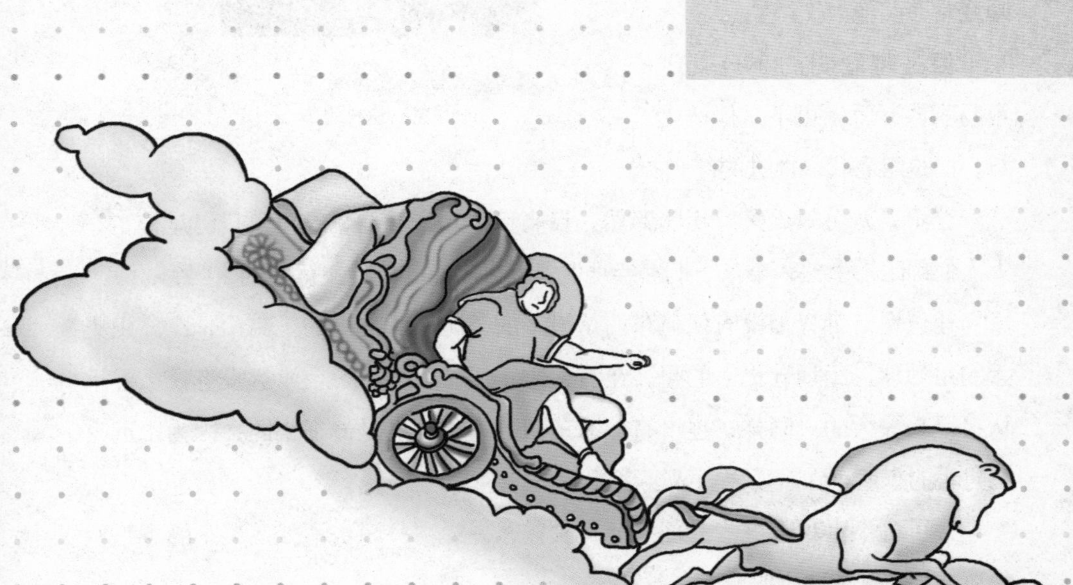

微生物的发现：磨镜翁闯进“微人国”

万可是个很聪明的小男孩。其他同学还在琅琅读书呢，他可能就已经能够背诵了；其他同学都在埋头计算呢，他已经把答案交到老师的案头上了；其他同学学得慢的知识，他都学得很快。所以老师经常夸奖他。

▲ 正在观察微生物的列文虎克

但是越聪明的小孩就越容易骄傲，骄傲可不是什么优点，而是阻碍我们前进的绊脚石。

这不，万可最近又有点飘飘然，自高自大起来。他总是觉得自己是神童，大人们都比不上他，小孩子们都崇拜他，世界上还有比他更优秀的人吗？

爸爸说，世界上没有任何东西是最大的，比石头更大的是高山，比高山更大的是地球，比地球更大的呢，还有太阳，还有太阳系……永远没有什么敢承认自己是最大的。同样，也没有什么东西敢承认自己是最细小的，因为永远有比它小的东西存在。所以做人要谦虚。

万可可不喜欢听这些道理。他反驳爸爸说：“一滴水不就是最小的了吗？您还能把它分成两半吗？”

爸爸说：“靠我们的手是很难把小孔里的一滴水分成两半的，可是如果用显微镜来观察，一滴水里面有个大大的世界，可能里面的生物比一个城市还要多。”

爸爸端来一杯水，万可一看，十分干净，可以隔着这杯水看到那边的家具。可是真的把它放到显微镜下时，里面可就热闹极了，其中的生物个个奇形怪状，有的是长条形的，有的是圆球形的，有的长毛，有的连在一起活像双胞胎。它们不仅数量众多，而且一刻也不停，不是在奔跑，就是在撞击。

万可看得呆住了，这些东西是什么呢？它们的生活是什么样的？原来世界上还有这么小的微观世界，是自己从没见过的，自己真是坐井观天啊。

万可决定虚心请教爸爸。爸爸说，这个世界叫作微生物世界，每一滴水、每一粒尘土、每一根头发上，都有这样的微生物世界。这个世界的发现要从一位白发苍苍的喜欢磨镜子的老人说起。

这位老人的名字叫列文虎克，是荷兰人。他的寿命很长，活了91岁，他的生活又很单调，一生的工作就是在当地政府做看门人。看起来非常枯燥，可是他在业余时间有个特殊的爱好：磨镜子。

他磨的镜子不是一般的镜子，而是能够发现微观世界的显微镜。当他第一次发现世界上有肉眼看不到的东西时，就下定决心磨出最合适的镜子来观察那个世界，看看里面到底有什么。他只要有时间，就在一块油石上磨镜片，几十年过去了，竟然磨出了一屋子大大小小的镜子，连女王都来参观过呢。

为了磨镜片，他吃了很多苦。他总是小心翼翼，反复修正，有时候连续磨了好几天的一个镜片，因为不够完美，就被他扔到地上摔碎了，他还要狠狠地砸自己一下，作为对自己的惩罚。为了给他的小镜子制造合适的架子，他还专门去学习金属的冶炼技巧。四十年之后，他已经成为了一个很高

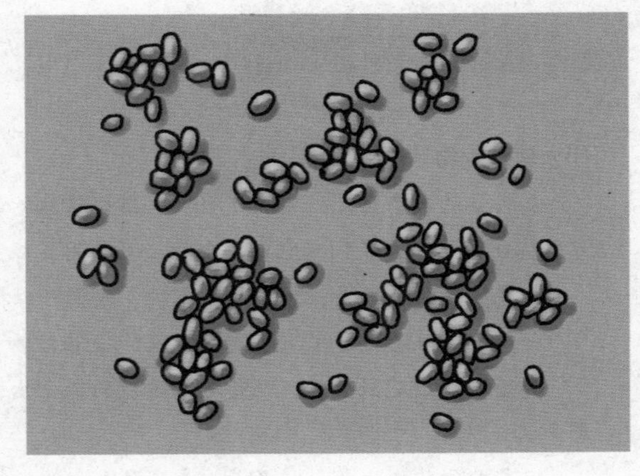

▲列文虎克发现的微生物

明的科学家。

他虽然已是一位白发苍苍的老人了，可是他对观察生物的兴趣丝毫不减。他请他的女儿从外面舀一点雨水来，然后用一根像头发那么细的管子吸了一滴，再用镜子去观察这滴水，一看就是半个小时，最后兴奋地大叫起来。他发现了水滴里有一个非常庞大的生物世界，和万可看到的几乎一样。这个世界就是后来人们十分重视的微生物世界。

还有一次，他把自己剔牙用过的牙签放到镜子下面观察，看到很多很多的小东西在蠕动。可如果把这根牙签用热水烫过以后，小动物们又奇迹般地消失了。后来人们称这些小东西叫细菌，列文虎克无意间发现了除菌的简单方法。

列文虎克的这些发现都是在几十年如一日的坚持下做到的，在他之前，还没有人注意到这个微生物世界。所以当他把他的论文寄到英国皇家学会时，大家既吃惊又佩服。立刻，列文虎克成了名闻天下的人，有许许多多的科学家向他请教问题，来参观他放镜子的小房间。英国皇家学会还吸收他为会员，给了他至高无上的荣誉。

这个成绩的取得，并不是因为列文虎克太聪明，而是凭借他的谦虚和执着达到的。他愿意低下头去观察最小的微生物世界，这个世界虽小，却给人类创造了巨大的科学财富。直到现在，微生物世界都是人们科学研究的十分重要的领域。

科学小链接

什么是微生物

在世界的各个角落，充满了很多人用肉眼看不到的微小生物，它们不仅小，而且结构也很简单，我们叫它们微生物。只有用显微镜才能看得见它们。

微生物的种类很多，至少有十万种，我们可以把它们分成三类：

一是原核细胞微生物，就是没有细胞核的微生物，非常原始，细菌就属这一种。

二是真核细胞微生物，就是有细胞核的微生物，细胞里的结构比较完整，真菌属于这一种。

三是非细胞微生物，就是看起来没什么细胞的样子，但是能在别的细胞里面生长，病毒属于这一种。

微生物学的确立：得佳人才子展奇能

万可家的牛奶酸了，可难喝了。因为夏天的温度很高，万可把没喝完的牛奶放在屋子里，里面的微生物就开始生长了。微生物们是很喜欢夏天三十几度的温度的。

▲ 巴斯德

万可想把牛奶倒掉，可是才放了几个小时而已，倒了很可惜，不如给家里的狗狗喝吧。

可是妈妈不同意。妈妈说："变质的牛奶，狗狗喝了也会得病的。"

爸爸倒提出一个想法："不如用巴氏消毒法来消毒，不就可以给狗狗喝了吗？"

"什么是巴氏消毒法呢？"万可问爸爸。

"巴氏消毒法就是把容易导致牛奶酸败的病菌——乳酸杆菌杀死的方法。乳酸杆菌是很怕热的，它在超过50度的环境里不能一直生存。我们可以用特殊的加热方法，让牛奶的温度保持在50℃～60℃的环境里半小时，乳酸杆菌就死掉了。"爸爸说。

"那为什么不直接把牛奶烧开呢？"

"烧开虽然会杀死乳酸杆菌，但是也会破坏牛奶里的营养，会得不偿失的。"

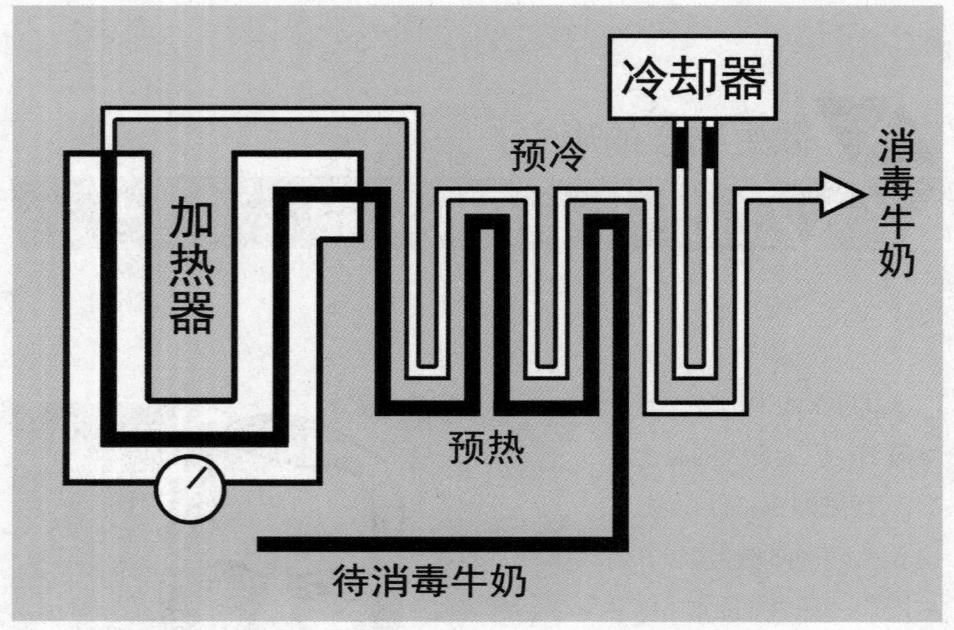

▲用“巴氏消毒法”来对牛奶消毒

原来如此。万可和爸爸一起试着用温度计和电磁炉控制牛奶的温度，煮了大概半个小时，牛奶果然回到了原来的味道，狗狗也很高兴地摇着尾巴喝了。

今天万可又学到了一个知识，那就是“巴氏消毒法”。

巴氏是谁呢?

他就是法国化学家巴斯德，他是在列文虎克死后一百年后出现的一位著名的科学家。列文虎克虽然利用自己制造的小镜片观察到很多微生物，但是并没有搞清楚这是些什么东西，人们是怎么利用它们。这些问题，巴斯德都做到了。

说起巴斯德，还有一个美丽的爱情故事呢。

巴斯德年轻的时候在巴黎大学担任化学教师。他很喜欢研究科学，每天都沉浸在自己的论文里，连校长都很欣赏他。当然了，此时的他是一位没有结婚的年轻人。

有一天他正在窗前看书，突然看到前面的小路上走过来一位非常美丽的姑娘，她有着金色的头发、红彤彤的脸庞、深蓝色的眼睛，她轻轻扫了一眼巴斯德，就把巴斯德迷住了。

巴斯德决定认识这位姑娘，通过不断向别人打听，巴斯德得知她正是校长的女儿。于是巴斯德给校长写了一封信，信上说，自己是个穷小子，既没有钱，又没有家业，但是自己身体健康，喜欢科学研究，希望能和校长的女儿结婚。姑娘看到了这封信，根本没有放在心上，自顾自地玩去了。

巴斯德又给姑娘的母亲写信，说自己对姑娘印象很深刻，但姑娘好像没有看上自己，他决定将一生的爱都献给这位姑娘，请姑娘的母亲成全。这封信姑娘也看到了，照样无动于衷。

巴斯德等啊等，只知道这位姑娘叫玛丽，其余的回音是一点也没有。后来他直接给玛丽写信了，说自己虽然很腼腆，但是却有一颗热情的心，虽然现在什么都没有，但是凭借自己的努力，一定会让玛丽为自己骄傲的。这次玛丽小姐终于动心了，因为她通过打听，也知道巴斯德是一个很热爱科学的青年，又十分努力，把一生托付给他，一定不会后悔的。

两人终于幸福地结合在了一起。从此以后，不管巴斯德是高兴还是失落，是受人尊敬还是被人辱骂，玛丽都坚定地站在丈夫的身后，默默地支持他，鼓励他，帮助他，爱护他。真是一位令人尊敬的妻子！

后来他们搬到里尔居住，巴斯德担任里尔学院的教授。一天一个造酒的商人来找巴斯德，他说；“听说您是一位科学家，我酿的酒现在全都发酸了，再也卖不出去，厂子就要倒闭了，能不能帮忙看看怎么让酒不再发酸，救救我这个濒临破产的厂

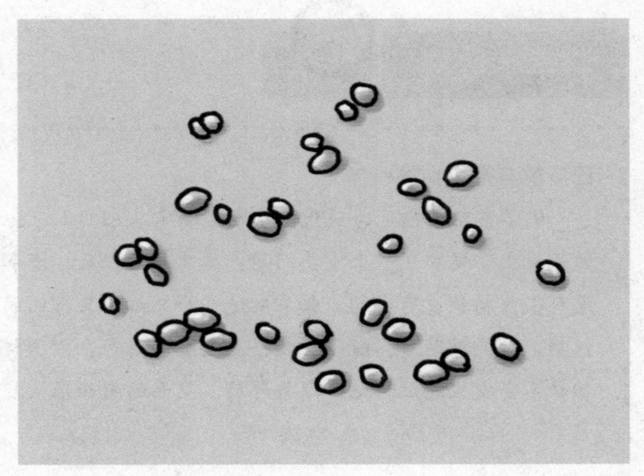

▲啤酒里的酵母球

子呢。”

巴斯德立刻想起了列文虎克留下的显微镜。他把好酒浆和坏酒浆分别用显微镜仔细观察。他发现好的酒浆里有一些小球一样的微生物，这就是酵母球，是帮助甜菜酿成酒的。而坏酒浆里不仅酵母球没了，还多了一些像小木杆一样的微生物，这就是乳酸杆菌，是酒浆变酸的罪魁祸首。经过研究，他得出了一个结论：要想既能杀死乳酸杆菌，又不会使酒浆因为加热而变坏，就要使温度保持在55度左右，并且持续一定的时间。这个方法就是“巴氏消毒法”。

这个小小的结论可不是那么容易取得的，是巴斯德经过多少次夜不能寐的实验才获得成功的。在这些寂寞的夜晚中，妻子玛丽一直陪伴着他，给他安慰，给他鼓励，终于等到了丈夫的成功。

从此以后，巴斯德大步闯进了微生物领域，他不但帮养蚕的农户杀死了蚕身上的致病菌，还发现了导致羊生病的羊炭疽杆菌，帮人们挽回了很大的损失。说起来，这些东西全都是巴斯德首先发现的微生物。

“微生物到底在哪里？除了显微镜，我们就看不到它们了吗？”万可问爸爸。

只见爸爸把家里的灯全都关掉，拉上窗帘，然后用手电筒打出一道光束，光束里有很多的小颗粒在不断跳跃着。“看，这就是巴斯德一生都在研究的微生物的家。”爸爸说，“就是巴斯德，确立了微生物学。”

科学小链接

巴斯德与微生物学

化学家巴斯德是为现代微生物学奠定基础的人。他在治疗“酒病”和“蚕病”的基础上，发现了一个重要问题：微生物出现后，酒和醋才会发酵，也才会腐败，没有微生物就没有发酵。如果制造一个又细长又弯曲的玻璃瓶，在里面放上一些有机物，加热灭菌后，瓶子里会一直没有细菌存在，这样放了一段时间，里面的有机物并不会发生腐败。把瓶颈打碎后，里面的东西很快就会发生腐败。

人体的免疫系统：人体健康卫士

万可在踢球时不小心擦伤了膝盖。擦伤的时候万可疼得都差点掉下泪来。

万可的膝盖被磨出了一道道的浅层伤口，上面透着血印，十分吓人。开始的时候万可都不敢走路，以为自己的腿要瘸了，后来同学们都劝他要坚强，老师也来帮助他到医院里去治疗。小伙伴们则打电话给万可的爸爸妈妈。

在医院治疗的时候，万可看到医生先给自己的伤口涂抹了一些透明的液体，然后用小镊子仔细地把伤口中的小沙粒挑出来，并且一边挑一边吹。后来医生竟然把一块已经磨破了的皮都扯了下来。万可很害怕，这里的皮肤还能长好吗？是不是需要很复杂的手术才能治疗这里的伤口呢？

没想到的是，医生做完以上的工作后，竟然只给万可包了一层纱布，就让爸爸带着他回家了。爸爸也没有特别的表现，只是叮嘱万可，最近3天内不要随便活动，好好休息就可以了。

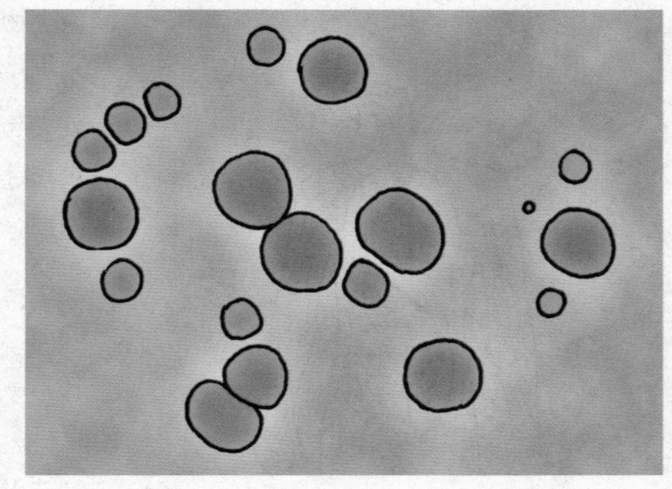

▲血液里的白细胞

万可问爸爸："我的皮肤磨掉了，血也流出来了，难道这么简单就治好了吗？"

爸爸笑着说：“你的伤口不是医生治好的。”

万可更奇怪了，不是医生治好的，那还有谁？

“当然是你自己。”爸爸说，“人的身体上有一整套免疫系统，无论什么样的伤口，医生能做的只是做好清洁的前期准备，剩下的愈合工作，是靠自身的免疫系统来完成的。比如你的皮肤重新生长，并不是医生做到的，而是你自身细胞的繁殖做到的。”

人的身体里有什么样的免疫系统呢？

当外界的微生物侵入人体后，可能会大量繁殖，通过显微镜你会观察到，皮肤上、血液里会有大量的不明微生物。不用担心，当敌人到来时，我们的身体随后会出现一系列抵抗行为，来保证身体的健康。这一系列的抵抗行为就是人体的免疫系统做到的。

这个系统至少有四道防线。

第一道防线是人体的皮肤和黏膜。夏天本来很热，可是下雨的时候，天凉了，我们的皮肤就会把凉气阻挡在身体外面。冬天的时候天很冷，可是忽然空调打开了，我们的皮肤也会把多余的热气阻挡在身体外面。许多的病菌是过不了皮肤这关的。就算我们的皮肤被擦伤，有了缺口，皮肤上的汗腺、皮脂腺等会产生许多菌群，把外来的微生物溶解掉。如果你吃了不干净的东西，嘴里的唾液就会起来反抗。当你的眼睛里揉进了不干净的东西，眼泪也会是最好的士兵。

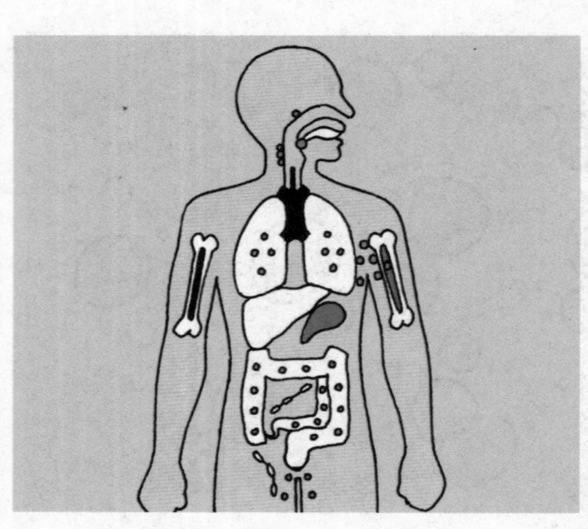
▲人的免疫器官和免疫组织

第二道防线是人体中细胞产生的一种物质，叫干扰素。如果病毒在细胞里安家落户，细胞里的干扰素就会站出来，分解出一种蛋白质，干扰病毒的生长，让它待也待不住，更长不大，最后乖乖投降。

第三道防线是血液里的白细胞。这些细胞看起来是白色的，好像变形虫一样，但是数量特别大，并且十分团结。如果你的皮肤被擦伤了，外来的病菌就会通过这个伤口侵入你的身体。可是过了几天，这个伤口竟然结痂了，又过了几天，痂掉了，伤口愈合了，皮肤又和原来一样了。这是怎么回事？原来白细胞发现这里有伤口后，立刻手拉着手围过来，越围越多，把病菌阻挡在外面。白细胞忙不过来的时候，还会推举一些“大个子”出来打头阵，这就是巨噬细胞，它们可以把外来微生物一下子吞掉呢。

第四道防线是人体专门的免疫器官，比如骨头里的骨髓、胸腔里的胸腺，还有淋巴结和脾脏。当白细胞无法抵挡敌人的进攻时，这些器官会产生后备军队来帮忙，直到敌人被消灭干净。

怎么样，人体的免疫系统是不是很伟大呢？小朋友们，再也不会为一点点小伤口就感到害怕了吧？

人体的免疫系统包括哪些部分

1. 免疫器官，一般都比较大，包括骨髓、胸腺、脾脏、淋巴结、扁桃体、小肠集合淋巴结、阑尾等。

2. 免疫细胞，肉眼看不到，但是分布在人体各个地方，例如淋巴细胞、单核吞噬细胞、中性粒细胞、嗜碱粒细胞、嗜酸粒细胞、肥大细胞、血小板等。

3. 免疫分子，更加细小，比如补体、免疫球蛋白、细胞因子等。

可怕的传染病：瘟疫猛于虎

看到电视上南极的画面，万可问爸爸，南极很冷吗？

爸爸说："南极和北极是地球上最寒冷的地方，那里的气温常常有零下几十度，人们要穿着非常厚的衣服，带着头罩，才能外出。那里的很多地方都是冰雪变成的陆地，并没有土壤。那里很神秘，所以人们很喜欢去那里探险，进行科学研究，我国还建立了南极考察站呢。"

万可问："南极那么冷，在那里居住的科学家不是经常要冻感冒了吗？"

"那倒不一定，在南极待上一两年的人通常都不会感冒的。"爸爸说。

"这是为什么？难道不是越冷越容易感冒吗？"万可问。

"我们常见的感冒是流行性的，是从一个人传到另一个人。传染感冒的，是一种很细小的微生物。在南极，因为气温很低，很多微生物都无法生存，所以就很难有感冒菌了。但是如果一艘新的船只到来，就有可能引起大家的感冒，因为新的致病菌被带进来了。这就是为什么我们把感冒叫作传染病的原因了。"爸爸说。

爸爸给万可讲了一个可怕的故事。1976年，美国的一些军人在一起开过会后，很多人都很快死去。而且，都是由同一种病——肺炎引起的死亡。医生们经过检查，发现这种肺炎是由一种很特殊的病菌引起的，他们叫它军团杆菌。参加会议的很多军人都是50岁以上，身体并不健壮，所以很难阻挡军团杆菌的传染，后来他们的肺部受到感染，就莫名其妙地死去了。

那么，这些军团杆菌是从哪里来的呢？原来竟然是房间里的空调。我们知道，空调里是有一些存水的，这些水里带有军团杆菌，当空调在吹风的时候，水里的病菌就随着风吹到了空气里，人们看不到，却能够通过鼻子把它们吸进肺里。

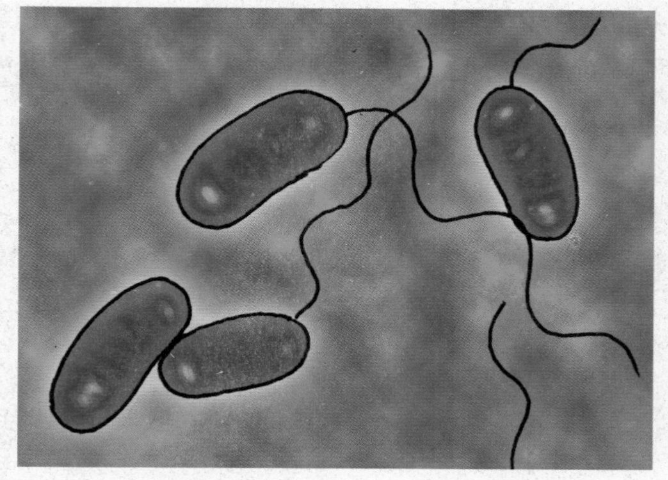
▲可怕的军团杆菌

多么可怕的传染病呀！当我们喝了一口没有烧开的冷水时，可能把病菌喝进了肚子里，那么病菌就会传染到我们的肠道，导致我们拉肚子。

能携带病菌的可不仅仅是水，人和动物也是可以携带病菌的。

有些人看起来没有生病，那是因为他有抵抗力，所以病菌不能把他怎么样。可是他的身上携带着病菌，比如引发伤寒的病菌。当这个人和别人说话、拥抱或者握手时，伤寒病菌就通过空气等媒介传到了别人的身上。

有的病菌是在牛身上的，可是当一种叫采采蝇的小昆虫叮咬了这头牛，又来叮咬人的时候，病菌就通过它的嘴巴传染到了人的身上。蚊子也是喜欢叮人的，所以也最令人讨厌，因为它也是可以传播很多传染病的，比如疟疾，就是由蚊子在人群中传播的。同样，家里的猫、狗、鸟都会是病毒的携带者。

最难发现的是空气传播了。一些人感冒了，却根本不知道病毒是从哪里来的。因为空气不断流动，病人打出的喷嚏里的病毒就在空气里来回飘荡，到底能传染到谁身上，谁也说不准。

许多小朋友吃了饭不久就拉肚子，可能是因为吃进去了不干净的食物，比如鸡肉没有完全加热，鸡身上的病菌没有死掉。所以，不要吃凉的东西，更不要吃死掉很久的动物。

对于人类来说，皮肤病也是不可小觑的传染病。很多人得了脚气，脚上的真菌就会留在洗脚盆、浴巾以及鞋袜上，如果别人用过这些东西，那么传染就很有可能会发生。而且，如果那个人的病已经好了，再次穿自己原来的鞋还有可能被感染呢。

科学小链接

如何注意个人卫生

1. 饭前便后要洗手，特别是利用肥皂、洗手液等好好洗手，能够有效预防疾病的传播。

2. 在上厕所的时候要注意，不要让便池和马桶里冲起的水花溅到自己身上。

3. 不吃已经变质的食物，不喝放了很久的饮料，特别是不要喝冷水。

4. 经常清洗自己的衣服，不要和别人混穿衣服和鞋子，更不要用别人用过的餐具。

5. 流感高发的季节，到人多的地方去，要戴口罩，说话时不要和别人挨得很近。

微生物与肿瘤：肿瘤——人类杀手

万可的妈妈最近发现自己的腿上长了一个很大的肉球，这个肉球有鸡蛋那么大，在皮肤里面动来动去，摸上去硬硬的。妈妈担心极了，会不会是肿瘤呢？会不会是恶性的呢？

这几天妈妈吃不下饭，喝不下水，脸上带着愁容。这一切都被万可看在眼里。

万可终于劝服了妈妈去医院检查。等待结果的那一天格外漫长，万可和妈妈都没有说话。

结果终于出来了，妈妈的脸上露出了久违的笑容，医生也安慰妈妈说："别担心，这只是一个普通的小肿瘤，并不是恶性的。是一些调皮捣蛋的微生物在你的身体里面聚集起来，阻碍了营养的流通，打破了腿部环境的平衡。"

妈妈终于放心了，并且按照医生的要求，只用一个小时的手术就把这个肿瘤取了出来。从那以后妈妈的腿上再也没有长过任何的累赘。

万可问妈妈："什么是肿瘤？什么是恶性？除了恶性还有什么？"

妈妈说："肿瘤就是身体里长出来的多余的肉，有的在皮肤上，能看到。有的在内脏里，看不到，只有越长越大，影响到人的生活了才能感觉到。所以我们要经常到体检中心查体。肿瘤可能是良性的，就是对人体没有伤害，只是多余罢了。但也可能是恶性的，会像传染病一样，越长越大，或越长越多，最终伤害人的身体健康。"

肿瘤出现的原因是什么呢？本来人体内是有很多微生物的，它们寄居在人的身上，和人和平共处，对人并没有什么影响，这就是人和微生物的平衡关

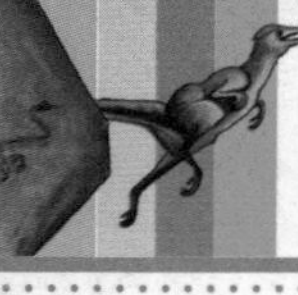

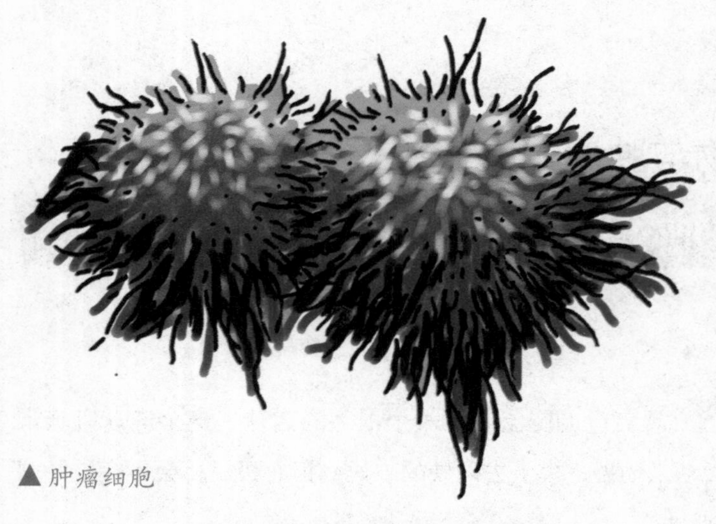

▲肿瘤细胞

系。可是后来，一些外来的微生物，特别是病毒，侵入人的身体，打破了人体和微生物的平衡，在人体虚弱的时候，形成了能够伤害人的肉瘤，这就叫恶性肿瘤，也叫癌症。那些能够形成癌症的微生物，我们就叫它们病毒。

很早以前，人们以为肿瘤是由上一代人遗传给下一代人的，和微生物没有关系。后来经过科学家的研究，人们才发现，大多数动物的肿瘤都是由病毒引起的，这些病毒的种类已经超过了100种。目前人们发现的病毒中，至少有3种是和人类的肿瘤有关系的。

其实有很多人的身上都带着肿瘤病毒，但是他们却没有生病，反而生龙活虎的，看不出有什么特别的地方。这是因为，病毒和人体可能会和平共处，对人不一定是有害的。这些病毒好像是在人体里呼呼大睡的小虫一样，你不去打扰它，它也不来打扰你。如果你的身体内外出现了不同的状况，这些病毒就被激活了，就可能会大量繁殖，引发癌症。

比如你吃的食物里有大量的激素，导致身体的激素出现不平衡。你吃了很多油炸食品，在新陈代谢的时候排出了大量的毒素。或者你总是面对电脑玩游戏，电脑里的辐射影响了你的身体……总之，当人体变得和以前不一样了，免疫力下降了，或者被破坏了，肿瘤病毒就露出了庐山真面目，它们的出现导致我们正常的细胞过分生长，并且在某些地方形成淤积，而且越来越严重，这就是癌变。

癌症的出现可能是外部环境不好引起的，也可能是人们的生活方式不健康引起的。比如，一种叫幽门螺旋杆菌的细菌与胃癌有很密切的关系，这种病菌常常在人的胃里定居，而且不会被胃里的液体杀死。它是怎么从一个人传播到另一个人的呢？研究证明，人们喜欢互相用别人的筷子、碗碟，母亲喜欢把食物嚼碎喂给婴儿，这些行为都会传播这种病菌。

当然，肿瘤不是一下子就会出现的，它一定是积累了相当长的时间，最后才产生的。所以在我们平时的生活中，一定要注意锻炼身体，增强身体的免疫力，让身体有更大的力量来抵抗引发肿瘤的微生物。

科学小链接

肿瘤是怎么产生的呢？

你知道吗？肿瘤里的细胞其实并不是致癌病毒，而是人体自己细胞的变异和增殖，也就是说自己的细胞变得和原来不一样，并且堆积在这里了。

事实上，人体每天都在产生突变细胞，但是人体有很强的免疫系统，所以无论细胞怎么突变都会被消灭。但是如果人体的免疫功能降低后，致癌病毒就会刺激人的细胞慢慢变成癌细胞，形成肿瘤。比如一个进行器官移植的人，为了移植后的器官不会受到免疫系统的排挤，就使用了一种叫免疫抑制剂的药物。可是这种药物会降低人的免疫功能，患者就容易产生肿瘤。

毒素：病原菌致病的元凶

万可很喜欢吃核桃，妈妈买了很多核桃，买回来后才发现，有些核桃因为下雨沾上水，已经发霉了。把它砸开后，里面的核桃仁变黑了，咬一口，很苦很苦。妈妈立刻就把这些发霉的核桃扔掉了。

万可问妈妈："为什么不把它们放到太阳底下晒干，然后再吃呢？"

妈妈说："这可万万使不得，发霉的食品，特别是花生、核桃、粮食等，最有可能存有黄曲霉毒素了。这种毒素非常可怕，能够损伤人的肝脏，导致癌症的产生。而且毒性特别大，比剧毒农药的毒性要强30倍，比眼镜蛇的毒汁还要毒。"

妈妈的话吓得万可不轻，连干燥的核桃都不敢吃了。妈妈说，只要这些核桃是干燥的，没有发过霉，里面的毒素就会很少，对人没有损害的。万可这才稍稍舒了口气。

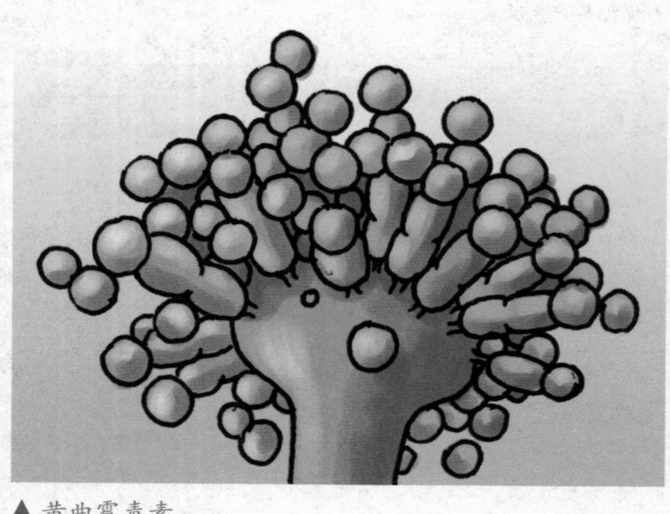
▲黄曲霉毒素

万可听说很多微生物是忍受不了高温的，于是问妈妈："能不能把这些发霉的核桃煮熟，然后再吃呢？"

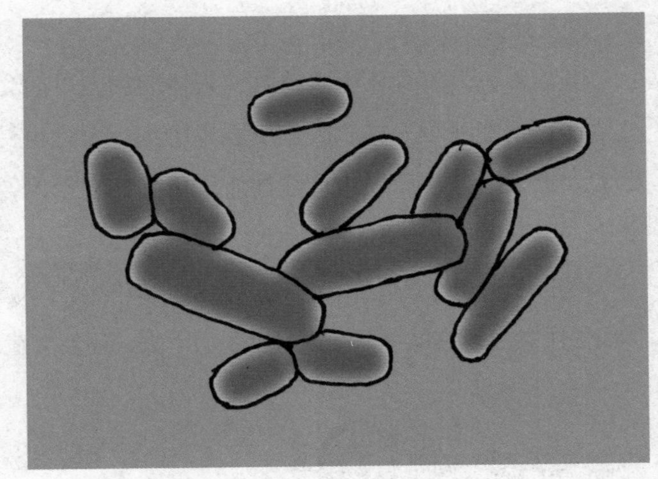
▲鼠疫杆菌毒素

“也不可以。黄曲霉毒素很耐热，280℃以下的高温根本不能把它怎么样，可我们的热水温度才有100℃。”妈妈说。

看来我们如果不小心，是很容易中毒的。自然界中的毒素大量地存在着。这些毒素，有的是没有生命的，例如电视剧中常常出现的砒霜。大部分毒素都是从微生物身上来的，比如细菌和真菌毒素，就是我们吃东西的时候不小心吃到肚子里去，才引起身体不适的。这些引起人们生病的微生物，我们叫它们病原菌。

病原菌包括细菌、真菌和病毒。

病原菌是怎么使人生病的呢？

有一次，万可不小心被一根铁钉扎到手指上，流了血，妈妈看到伤口很深，立刻带万可到医院注射预防针。这是为什么呢？因为有一种叫梭状芽孢杆菌的细菌特别喜欢在深的伤口中繁殖，它会产生一种毒素，厉害起来可是能致命的。如果铁钉上有这种病菌，那么可能会引发破伤风。

本来我们身体里的菌群和人之间互不干扰，当身体发生了变化，比如受伤了，或者免疫功能下降了，菌群就会改变原来的生存状态，从而产生一些毒素，人们就生病了。大肠杆菌本来寄居在人的肠道里，对人没有什么影响，可是一旦肠道环境改变了，它们过分繁殖，就会分泌出毒素引起人们拉肚子。

历史上曾经出现过很可怕的流行病——鼠疫。为什么叫鼠疫呢？因为老鼠在咬人的时候，把它身上携带的一种叫鼠疫杆菌的细菌带入了人体。鼠疫杆菌产生的毒素会杀死人体中的健康细胞，使得人们的肝和肾出现坏死，人就会晕

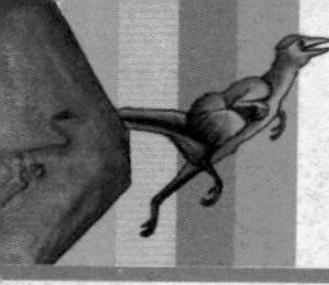

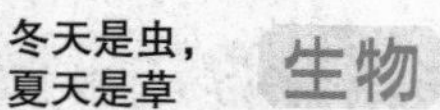

倒，甚至死去。

当毒素在人的身体里繁殖时，人体的细胞可能会活不下去，就好像人们被堵住嘴不能呼吸一样。人们皮肤里的细小血管也受到毒害，到处都飘荡着毒素。毒素增多以后，人们往往血压下降，会晕倒，还会使内脏的组织发生变化。

有的毒素本来是没有毒性的，但是它却能破坏人身体的免疫系统，使得人体没法阻挡它。它就可以在人身上生活下去，还能繁殖，变得越来越多。

科学小链接

我们生活中吃的很多食物都有可能引起中毒，比如四季豆中毒，马铃薯中毒，还有豆浆中毒等。怎么防治食物中毒呢？

1. 要吃新鲜的蔬菜。蔬菜是人们获取营养的重要渠道，常吃蔬菜能够使人充满活力，保持身体的健康。可是如果青菜腐烂了，变质了，或者煮了的蔬菜在屋里放了很久，都有可能会中毒。

2. 有些蔬菜一定要煮熟了才能吃。比如四季豆和豆浆，如果不熟的话，就含有很大毒性。特别是在煮豆浆的时候，煮开了不算完事，要多煮十分钟才能杀毒。

3. 特别注意马铃薯。马铃薯如果发芽了，那它的芽就是最有毒的地方。如果它的皮是绿色的，那么皮里面也有毒，所以吃马铃薯一定要削皮。

4. 不要随便吃自己不懂的食物。如果吃芦荟太多，会出现呕吐、恶心等中毒反应，一盘凉拌芦荟会让全家人都中毒。苦杏仁是有毒的，必须用开水烫过才能吃。山里的野菜、菌类等，如果你不认识，更不要乱吃。

5. 更加重视动物的肝脏。动物的肝脏里面含有很多毒物，因为肝脏是动物的解毒器官。吃的时候要用水泡上几个小时，另外，千万不能吃没有煮熟的肝脏。

危害最大的真菌毒素：可怕的毒素

万可是个小馋猫，什么东西都想拿来尝一尝。

炎热的夏天到了，苹果树上的果实都没有成熟，吃起来涩涩的，能有什么好吃的东西呢？

万可忽然想起这时候正是小麦成熟的季节，万可叫上几个小伙伴一块到麦地里去。呀！可真热闹，农民伯伯都在热火朝天地收麦子呢。金黄、银白相间的麦地一望无际，收割机嗡嗡地响着，好像在切割一块大地毯。

万可很自豪地对伙伴们说："你们知道小麦是可以烤着吃的吗？"大伙都摇摇头。

万可带着大家，从麦地里随便捡了几个已经成熟的麦穗，说用火烤后味道很好。可是大家都不赞成，因为现在非常干燥，盲目用火可能会引起火灾。万可就用手用力搓了搓一个麦穗，把微红的麦仁捻下来，大家分着吃。

大家一边吃都一边点头说："味道很天然，很好吃。"

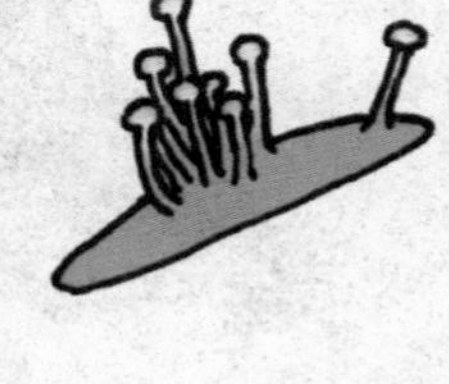

▲被麦角菌感染的小麦

这时有一个伙伴说："咦？我这里的麦仁怎么

颜色不一样呢？”

大家都去看，果然，他的手里有几颗麦仁是黑色的，看起来很扎眼。大家都不敢吃，决定去问旁边的农民伯伯。

农民伯伯仔细看了看说：“赶紧把这些东西扔掉，一定不要吃，吃了以后会产生麦角中毒的。”吓得大家都不敢再吃了。

麦角菌是一种真菌，它特别喜欢寄生在黑麦、大麦和小麦等植物的花朵里，等果实成熟后，它们也长大了，把整个麦仁变成了黑色的麦角，又叫菌核。麦角菌的菌核中会形成一些毒素，把这些麦角做进面包里就会使人生病。如果把这些麦角磨成面粉，让人吃掉，那么不久之后手脚就会不听使唤，不断打战，牙齿也不能咬东西，齿龈那里还会流血，而你却感觉不到疼。最重要的是，你的大脑里面会产生幻觉，想到一些很奇怪的事情，头痛得要命，全身就像火烧一样。你会跳起来，喊出来，别人还会把你当成精神病人抓进精神病院。

这样子是不是很恐怖？古代的欧洲，有数以万计的人因为误食了麦角而中毒，大家都没有办法。直到现在，我们才找到克制这种真菌的方法。

真菌毒素除了麦角菌毒素外还有很多。真菌如果在食品和饲料中不断繁殖，就会产生一些有毒的代谢产物，这就是毒素，不管对人还是对动物都是有害的，而且危害巨大。

▲感染了黄曲霉菌的玉米

最常见的真菌毒素就是黄曲霉毒素，1960年的时候，英国有10多只火鸡因为吃了含有黄曲霉毒素的饲料而死掉了。当时那些鸡不吃不喝，每天昏昏沉沉好像在睡觉，翅膀都垂了下来，最后头和脚都向后伸着死掉了。科学家们把这些鸡解剖后看到，它们的肝脏都出血了，而且已经有相当大一部分坏死，它们的肾脏也都比原来大了一倍呢。

那么什么情况下我们的食物和饲料容易感染真菌呢？

大部分真菌喜欢在20℃～28℃之间生长，太冷或者太热都会死掉。所以我们可以把食物放到冰箱里冷藏起来，或者加热一段时间，真菌就不容易存活了。可是很多放在外面的粮食、饼干怎么办呢？

真菌喜欢呼吸氧气，如果没有氧气的话，它们是活不长的。所以我们又可以把粮食装进一个密封的袋子或瓶子里，把里面的空气抽空，真菌就不会生长了。

真菌还喜欢湿润的环境，不喜欢干燥。所以我们在储存粮食的时候，要对粮仓经常通风，让粮食中的水分降低，温度也降低，真菌无法适应干燥的环境，就不会继续繁殖了。

如果饲料中含有真菌毒素，那么吃这些饲料的动物也会感染，喜欢吃肉的人们更要注意了。选用合格的肉制品，是对我们身体的最好保护。

科学小链接

贪嘴的小朋友们要注意了，哪些食物容易被真菌污染呢？

1. 花生、开心果和粮食。花生、开心果发霉后，在壳上会有黄曲霉。粮食中会存有很多种毒素，所以粮食一定要晒干后才可以保存。

2. 面包。发霉的面包会有真菌毒素，一定不能吃。

3. 水果和蔬菜。如果你家的水果表面长出了棕色的斑点，那么一种叫展青霉素的真菌可能就已经大量繁殖了。如果你家的蔬菜表面长出了薄薄的绒毛，那么一定是有展青霉素的。

4. 牛奶和奶酪。如果奶牛吃了含有毒素的饲料，那么牛奶也是不安全的。奶酪更是真菌特别喜欢寄居的地方，所以一定要吃正规厂家生产的奶酪，而且要注意保质期。

无菌技术建立：微生物和无菌世界

很多小朋友都很害怕打针吧？万可也是。

可是生病了就要打针，万可是想逃也逃不过的。每次万可的小屁股露出来后，就感觉屁股上凉凉的，一定是护士阿姨又在用一团小棉球擦几下，然后才开始打。

这凉凉的感觉一来，万可就好像条件反射一样，身子禁不住发抖。妈妈笑话他真不像男子汉。

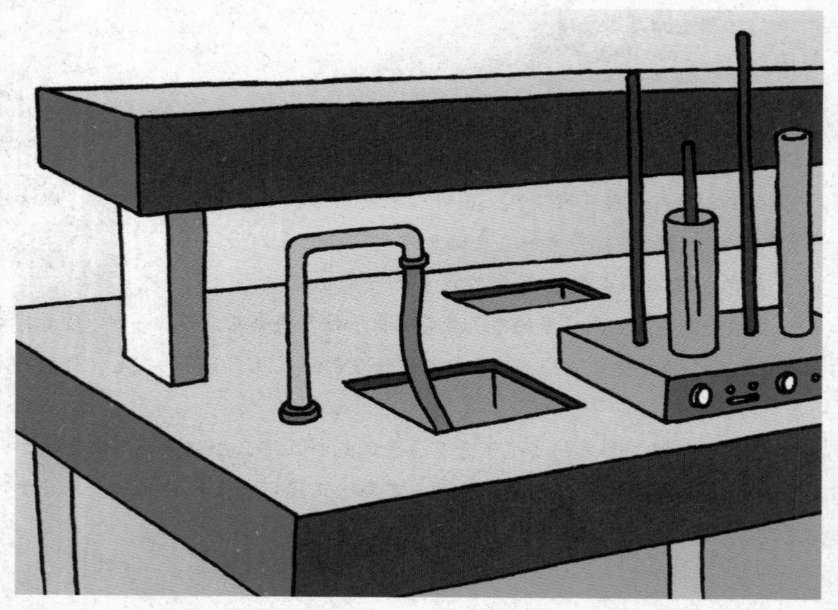

▲ 医院里的无菌室

万可生气地问妈妈："打针就打针嘛，干吗还要用棉球蘸了水去擦呢？"

妈妈说："这可不是水，而是酒精，是用来杀菌的。在打针的时候，如果不杀菌，就会有很多皮肤上的细菌随着针尖进入人的身体。如果涂上酒精，在很短的时间里，这附近的细菌的细胞膜就会被破坏掉，细胞的水分也会随着酒精而挥发到空气中，细菌受不了这些变化，就会死掉的。"

原来是这样，看来无菌环境对人真的很重要啊。

后来，万可病好了，妈妈把他戴过的口罩和手套都放到锅里蒸了很长时间，才拿出来。万可问妈妈，这也是在杀菌吗？

"是的，很多细菌和病毒是无法忍受高热环境的，经过蒸馏，可以把它们都杀死。如果有些芽孢病菌很难杀死的话，可以用高压锅蒸煮，还可以延长时间，这些办法总能使我们的衣服变得没有传染性。"妈妈说。

我们的周围充满了各种微生物。为了研究某一种微生物，我们需要把别的微生物都赶出去，只留下这一种；为了保护我们的食物、衣服等不受细菌污染，也需要让所有微生物搬家；更多的时候，为了治疗身体的疾病，我们要让那些生存在我们身体里的病原菌统统死掉。所以创造一种无菌的环境非常必要。

可是微生物是我们肉眼看不到的，我们究竟应该用什么方法做到无菌呢？

我们在电视上经常看到，很多家里非常穷的人生病后需要做手术，没有太好的医疗条件，是这样给自己的皮肤消毒的：拿刀子在火焰上烤一段时间，然后再动手。

这说明，通过加热，可以让微生物死掉。加热的时候，微生物体内的物质都被破坏，就好像人受不了火的烘烤是一样的道理。

为了防止食品腐烂，我们还可以把食物放到冰箱里，因为低温环境下，微生物的生长十分缓慢，就好像冬眠一样，不再生长。也有很多微生物直接被冻死，我们的食物就会保持很好的品质了。

随着科学的发展，人们发明了很多新的方法来消灭微生物。

比如利用化学药品灭菌，用碘酒可以治疗皮肤病，龙甲紫（就是紫药水）

可以涂在伤口上杀菌，醋酸可以用作空气的消毒。

人们还发明了利用电磁波杀死微生物的方法，如微波、紫外线、X射线等。医院里的手术刀需要一直处在无菌环境中，怎么办呢？我们可以让紫外光灯一直照射着它，细菌就不敢过来了。

如果需要灭菌的东西也很胆小，灭菌的同时，也可能会把好的细胞破坏，我们还可以用过滤的方法，把微生物过滤出来，只剩下我们需要的好细胞。

知道了这些以后，万可忽然想到，自己生病后常吃的药物，是否也是为了杀死病菌，在身体里建立一个无菌环境呢？

我们生病后常吃抗生素等药物，目的就是抑制微生物的生长，达到消除炎症的目的。这确实是利用了无菌技术，而且是一种非常高超的无菌技术。不要小看那些小药片哦，有时候一两片就足以杀死很多微生物了，所以千万不要多吃。

科学小链接

使用无菌技术的目的

1. 可能是为了彻底杀灭一切微生物，比如医学上用的抗生素就能达到这个目的。

2. 可能只是为了杀死病原菌，也就是消毒。因为有很多对人体有益的细菌是不能被杀死的。

3. 可能只是为了阻止微生物的生长，就是我们所说的防腐。埃及的木乃伊采用的防腐技术，并没有杀死微生物，但是阻止了微生物在尸体上的繁殖。

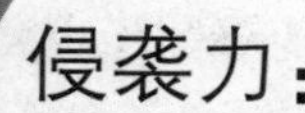

侵袭力：病原菌致病的帮凶

冬天到了，妈妈把万可包裹得严严的。身上穿着厚厚的冬衣，脚上蹬了双超厚的雪地靴，头上戴着能把耳朵遮住的帽子，手上有手套，连嘴和鼻子都被口罩包住了，只剩下一双大眼睛忽闪忽闪的，活像一个外星人。

可是万可还是感冒了。他先是觉得鼻子不舒服，呼吸不畅快，接着出现了咳嗽、脸红的症状。晚上睡觉的时候，妈妈摸了下万可的身体，感觉比平时烫多了，马上给他量体温，竟然有38℃，发烧了。第二天起床后，万可没有去上学，他的喉咙干干的，总想喝冷水。

医生说，这是流行性感冒。有一种流感病毒，会通过人们打喷嚏或者呼吸传染到别人的身上。

万可很奇怪："可是我很小心的，出门的时候连口罩都捂得严严实实的，怎么会被传染呢？"

医生说："病原菌致病可不是那么好对付的，虽然我们身体有多重免疫系统，但是俗话说'道高一尺，魔高一丈'，病原菌也有自己的侵袭力，它会突破人体的阻挠，到达身体的里面。"

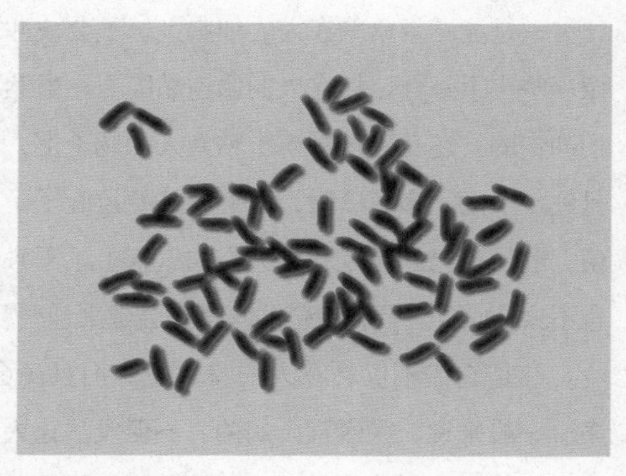

▲喜欢黏附的百日咳鲍特氏菌

什么是侵袭力？这个说法真是奇怪。

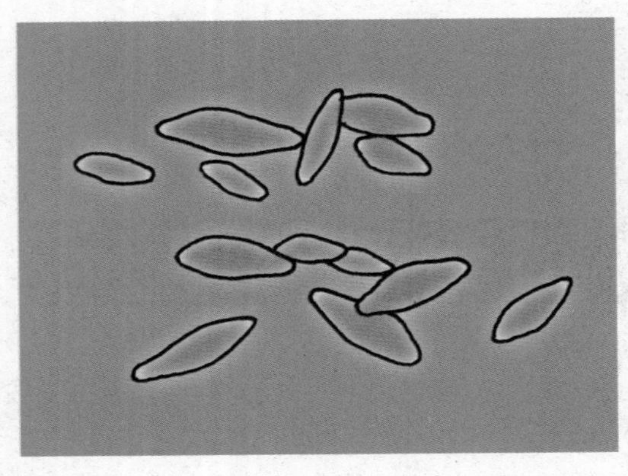

▲梭状芽孢杆菌

很多病原菌并不害怕人体的皮肤、唾液、胃酸、细胞等物质，它们能够一步步突破人体的这些防御屏障，在人体内生存下来，还能繁殖和扩散。这就是侵袭力。因为有了侵袭力，所以人们是常常会生病的。

俗话说“病从口入”。如果你不讲究卫生，在外面随便吃东西，可能会吃进一些痢疾杆菌、霍乱弧菌、肝炎病毒等病原菌，本来人口腔里的唾液和胃里的胃酸是能够杀死很多微生物的，可是这些病原菌就不害怕。

除了口腔以外，人们用鼻子呼吸的时候，可能会吸进肺炎和白喉的致病菌，人们的皮肤擦伤的时候可能会被葡萄球菌感染皮肤的伤口。有些地方的皮肤又薄又脆弱，如果和别人的皮肤摩擦了，也会被传染。比如炭疽杆菌，可以通过皮肤摩擦进入人的身体，让人的皮肤出现小疙瘩，还会溃烂，严重的还可能导致人死亡。

病原菌一旦进入人的身体，它们超强的侵袭力就表现出来了。它们有两个本事，可以在人体内部居住下去。

一是能够紧紧粘在人的细胞上，不会被冲走。有很多种细菌都有菌毛，好像一些小手一样，抓在人的尿道黏膜上，虽然我们经常小便，但是是无法把它们冲走的。还有的可以牢牢粘到人的肠子上，虽然肠胃经常蠕动，但是它们就是纹丝不动，多了以后，人们就开始拉肚子了。有一种叫百日咳鲍特氏菌的病菌，利用自己的菌毛粘到人们的气管上不下来，无论我们多么用力地打喷嚏，也不会让它们离开，我们的咳嗽也会越来越严重。

二是它们不仅粘在人的身体里，而且还会不断繁殖，不断扩散，越来越多。一般来说，区区几个病菌，不但没法让人生病，还会被人体的免疫系统杀死。比如你的皮肤擦伤后，虽然破伤风梭菌芽孢会来到你的伤口，但是它不喜欢氧气，所以小小的伤口是不会引起破伤风的，简单包扎一下就可以了。可是如果你的伤口很深，里面没有了氧气，正好适合梭状芽孢杆菌的生长，这些细菌就可能在这里大量繁殖起来，还会产生剧毒。

有一种能引起人类流行霍乱疾病的霍乱弧菌，当它来到一个身体健康的人身上时，人不会生病。可是它会不断繁殖，而且到处扩散，终于它的数量达到了几十亿个，太多了，人就得病了。

在世界上曾多次流行霍乱。人们喝了不干净的水或吃了不干净的食物，霍乱弧菌开始在人的肠子里大量繁殖。达到一定的数量后，人们就开始呕吐、腹泻，身体的水分流失得很多，很多人因为这种病去世了。

病原菌进入人体扩散后，会不会被人体的吞噬细胞吃掉呢？一般的微生物会的。但是病原菌的抵抗力很强，它们常常会在身体上形成一层荚膜，好像一层铠甲一样，就算吞噬细胞把它吃掉，它也死不了，反而能够越长越大，最后导致正常的细胞死亡。

病原菌的侵袭力真的很大，简直就是病原菌致病的帮凶。

所以虽然万可戴上了口罩，也许只有很少的病毒进入了他的气管，可是这些病毒有很强的侵袭力，能站住脚，还能繁殖，确实不好对付。

病原菌侵入人体的途径及预防

1. 肝炎病毒可以通过人的食物进入人的消化道引起疾病，所以要注意餐具清洁卫生，不要随便和人共用杯碟碗筷，用餐后要把餐具刷洗干净。

2. 肺炎病菌是通过呼吸道传染的，所以出门的时候要注意戴好口罩，经常给房间通风，还可以多在房间里熬煮醋等可以杀菌的液体。

3. 葡萄球菌可以感染人们的皮肤伤口，所以要注意保护自己的皮肤。

4. 结核菌既能从口中，又能从皮肤上进入人体，所以一旦出现咳嗽严重的情况，要及时到医院检查治疗。

酵母菌：啤酒中的微生物

万可的妈妈蒸馒头可好吃了。每当万可放学回家，常常能看到妈妈在蒸汽缭绕的厨房里对万可说："吃饭了，吃饭了，馒头已经蒸好了。"这时候万可的小鼻子一吸，就能闻到馒头的清香，真是诱人呀！

有一天，趁妈妈不在家，万可也学着自己做馒头。

按照自己对妈妈做馒头的记忆，先把一小袋面粉倒进盆子里，然后加上冷水，慢慢用手和面。他做得可仔细了，把面和得恰到好处，既很黏稠，拿起来的时候又不会掉下来。然后他一边加面粉一边揉面，揉到合适的程度，就用刀切成了一块一块的样子。虽然不太好看，但总算是大功告成了。

接下来万可打开电磁炉，在煮锅里加上足够的水，把做好的生馒头放到篦子上，盖上盖，就开始蒸了。

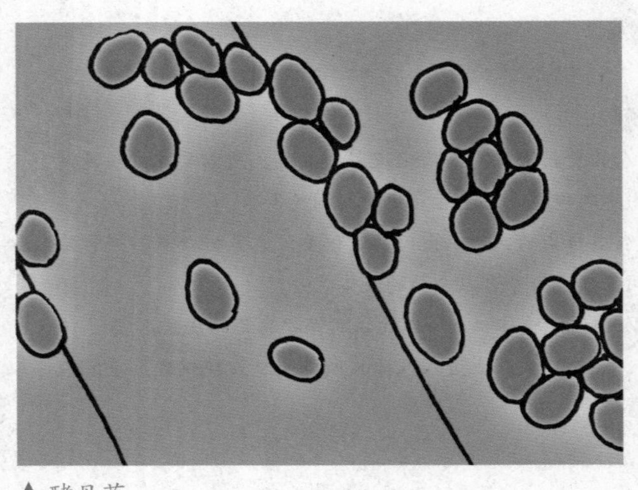
▲酵母菌

大约过了半个小时，万可觉得差不多了。厨房里的热气也充满了半个房间，但是就是没闻到馒头的香味。真奇怪。

万可把锅盖掀开，惊呆了，锅里的这些瘦瘦小小、皱皱巴巴而且发黄的小东西，能叫馒头吗？他用筷子扎出一个，用力吹了吹，咬了一口。呀！一股酸味把牙都酸掉了。这馒头硬得像木头，谁会愿意吃呢？

这时妈妈回来了，看到这一幕，哈哈大笑道："你是不是没发酵就蒸了？橱子里的酵母粉一点也没用吧？"

万可不好意思地低下了头。酵母粉里面是什么东西？有什么用呢？

酵母粉就是一种活性干酵母。看起来这是些白色的细小颗粒，好像和面粉差不多。其实这里面是酵母菌的纯种群体，可能是由一个酵母菌细胞繁殖而来的。很多酵母菌集合在一起，经过科学的方法处理后，变得很干燥，可以放到包装袋里，保存一年以上。

等到我们要蒸馒头的时候，就把水、面粉以及酵母菌融合在一起。在温暖的环境里，酵母菌这种单细胞微生物就开始活动了，它们先把面粉里的糖分分解成二氧化碳和水，而且还能使面粉发热。所以我们摸上去，感觉面粉又软又暖和。二氧化碳增多了，面团就会膨胀起来，可能会变得比原来的三倍还要大，里面充满了小气孔。后来面团里的氧气减少了，酵母就会发酵成酒精等物质，使得面团闻起来有了香气。

如果面粉中有少量的糖，那些球形或椭圆形的酵母菌们就有了充足的食物，它们一边大口吃着这些糖分，一边分解出很多种不同的酶，自己还要不断地繁殖，整个面团就又软又大。如果面粉变冷了，酵母就会停止生长，那么面团就不会有什么变化，所以我们还要对发酵中的面团进行加热。但是不要很热哦，如果超过了28℃，那么不但酵母变多了，其他的菌类也变多了，面团就会变酸，做出来的馒头一点也不好闻。

▲ 发酵后的面包

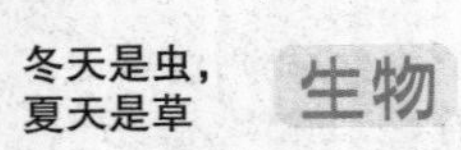

看来酵母菌真是种很有用处的微生物。

人类在2000多年前就学会用酵母菌制作面包了。

普通的面粉怎么能变成香气浓郁又可口的面包呢？这里面可少不了酵母菌发酵的功劳。和制作馒头时的发酵过程一样，酵母菌吸收了面粉里的葡萄糖，将它转换成水和二氧化碳，面团就变得好像蜂窝一样，又膨胀又松软。如果你把面揉得很筋道，二氧化碳就不会跑出去，面团就会一直很膨胀。

和制作馒头不同的是，做面包的时候等面团发酵完成，切成小块以后，我们就要把它们放进一个温暖湿润的箱子里继续发酵，直到变成了原来的2倍大小。经过烘烤，金黄、蓬松的面包出现了。

酵母菌不仅可以使食物发酵，还可以制成食母生药片，帮助消化不良、肚子胀的小朋友治疗腹胀，还可以帮助身体衰弱的老人调节身体的新陈代谢。

科学小链接

想自己制作馒头的小朋友们，在面粉中添加酵母粉的时候，应该注意些什么问题呢？

1. 要有合适的温度。酵母发酵的最合适温度是25℃～30℃，温度太低或太高都不合适。

2. 注意酵母的用量。一般来说，100克面粉里放0.6～1.5克酵母粉就可以了。

3. 注意水的含量。酵母菌是很喜欢水的，所以面团越软越能加快发酵速度，但也不要很多，免得馒头无法成形。

4. 适量的盐和糖。盐能使面团变筋道，但不要过多，多了就会限制酵母的力量。糖的含量不要超过面粉的6%，超过了同样会使面粉无法正常发酵。

第七章 不会被遗忘的生物学家

童第周实验胚胎学：忍饥挨饿育“童鱼”

一天，爸爸带着林薇一起去同事王叔叔家玩儿。这位王叔叔十分喜欢收藏字画，家里墙上挂着好多名人字画，遇到什么都喜欢研究一番的林薇兴致勃勃地观看着每一幅画，突然，她在一幅金鱼图的前面停了下来。

“王叔叔，这幅画里的第一条金鱼好奇怪呀？为什么跟其他的都不一样呢？”林薇抬起头好奇地问。爸爸看林薇这样问，也仔细观察起来，果然，在这幅漂亮的金鱼图中，几尾活灵活现的小金鱼在莲叶中嬉戏，其中为首的一条金鱼却长着鲫鱼的尾巴，会不会画错了？

▲《睡莲金鱼图》

然而爸爸仔细观察了一下落款，竟然是著名画家吴作人的作品。这么有名的作家怎么会画错呢？爸爸也很奇怪。王叔叔看他们父女俩的表情，猜出了他们的疑问，于是说道：“这幅画名叫《睡莲金鱼图》，画中那条长着鲫鱼尾巴的金鱼，其实是生物学家童第周所创造出来的生命科学奇迹，这条鱼后来还被国际生物学界命名为‘童鱼’呢！”

接着，王叔叔给他们讲起了“童鱼”的培育经过。春天是金鱼繁殖的季节，年过古稀的童第周为了探索生物遗传性状的奥秘，他选择了金鱼和鲫鱼作为实验材料。经过紧张的准备工作，一个名叫核酸诱导的实验开始了，童第周爷爷坐在实验台前认真观察，这个时候金鱼排出了比芝麻还小的受精卵。

实验室的助手们在童第周的示意下，迅速将提纯过的鲫鱼卵的核酸送到了他的手边，他马上将这些核酸注入了金鱼受精卵的细胞质内，然后就是漫长的等待。

从清晨一直到午后，整整八个小时过去了，实验一批一批地进行，实验台前的童第周早已腰酸背疼、饥肠辘辘，但为了得到准确的实验数据，他依然顽强地坚持着，一丝不苟地操作每一个步骤。

所有助手都劝他休息一下，毕竟此时的童第周已经70岁高龄了，但童第周毫不犹豫地拒绝了，他告诉助手们："我们的事业需要的是手，而不是嘴！你们不是和我一样忙吗？我不会去休息的！"

在所有人殷切的注视下，这些经过"技术加工"的受精卵变成的金鱼慢慢长大，奇迹也出现了。童第周和实验室里的其他人惊喜地发现，有些金鱼出现了奇妙的变化：有三分之一的金鱼由双尾变成了单尾，金鱼身上出现了鲫鱼的尾鳍性状！

实验成功了！鲫鱼卵中所提炼出来的核酸改变了金鱼的遗传性状，这一实验结果证实了童第周的设想，并不只是细胞核能够控制生物遗传的性状，细胞质也能起到十分重要的作用！这些被誉为"童鱼"的金鱼们，是童第周汗水、意志和心血的结晶，同时也是探索真理道路上的里程碑。

听了童第周爷爷培育"童鱼"的经过，林薇被深深地震撼了。她告诉爸爸：童第周爷爷那么大年纪还这么刻苦，我在学习中也要秉承这种坚持不懈的精神，即使忍饥挨饿也要刻苦钻研。听了林薇的话，爸爸笑着说："我怎么舍得让我的宝贝女儿忍饥挨饿呢，不过你能这么想，我真的很欣慰。"

其实出生于1902年的童第周不仅在实验胚胎学中创造了奇迹，还在细胞生物学、发育生物学和海洋生物学等领域卓有建树。他建立的鱼卵核移植研究和

▲童第周培育的“童鱼”

显微注射技术都有着新的发展和应用，通过不断实验，他终于将培养了30多天的成熟银鲫的肾细胞核连续核移植，获得了一尾性成熟的成鱼。

这一成功的脊椎动物体细胞克隆比克隆羊“多莉”的问世早了15年，童第周也当之无愧地被称之为中国的“克隆先驱”。

科学小链接

“童鱼”的问世有什么实用价值呢？

童第周和助手们为了尽快将科研成果应用在生产实践上，将鲤鱼和鲫鱼间的细胞质和细胞核相互移植，成为世界上首次培育出可育的高产优质的鲤鲫核质杂种鱼。这种鱼长得既像鲤鱼，又像鲫鱼，既有鲫鱼的鲜美味道，又有鲤鱼的大个头，而且生长速度比鲤鱼要快，肌肉蛋白质的含量比鲤鱼要高，脂肪含量却比鲤鱼的低。为此，中国农业电影制片厂特地拍摄了一部教科片，这部影片还获得了1986年国际科普影展的金穗奖呢。

遗传学的奠基人孟德尔：数豌豆的修道士

林薇是个漂亮的小姑娘，大大的眼睛，白皙的肤色，高高的鼻梁，苗条的身材，唯一让她不满意的就是自己不是双眼皮儿，她常常对着镜子暗想：“如果我是双眼皮儿就好了。”

一天，她跟妈妈一起去超市买东西，路上遇到一个金发碧眼的混血小姑娘，林薇惊叹地说：“妈妈，她长得可真漂亮，像洋娃娃一样！为什么我不能跟她一样呢？”妈妈笑着说：“宝贝儿，你也很漂亮啊！”林薇小声地说：“我也想有金色的头发和双眼皮儿。”

妈妈告诉她，她有金色头发是与遗传有关系的，因为那个可爱的混血儿的爸爸妈妈身上有这样的一部分基因，所以她才会拥有这样的长相，而林薇的爸爸妈妈都是典型的中国人，所以她是不可能长出金发碧眼的。

可是林薇的疑问又来了：“既然遗传的意思就是会跟爸爸妈妈一样，可为什么你是双眼皮儿，而我却不是呢？”

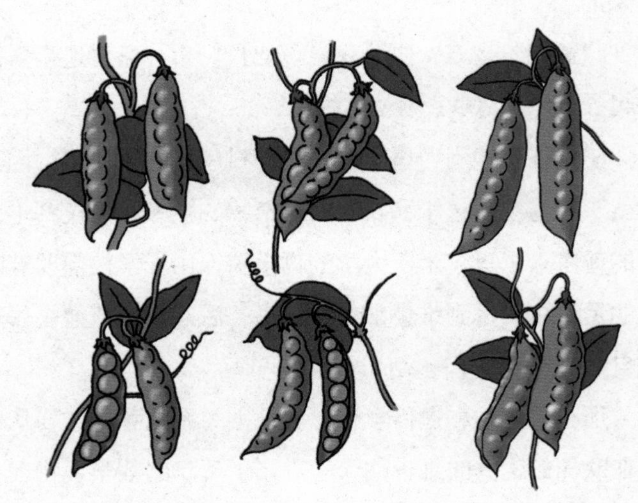

▲不同的豌豆

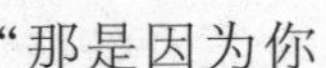

“那是因为你

▲孟德尔和他的豌豆田

没有遗传到我的双眼皮儿，而是遗传到爸爸的单眼皮儿了。不过丹凤眼儿也同样很漂亮呀！”妈妈继续说道，“这个理论其实是遗传学奠基人孟德尔提出来的。”

“孟德尔是谁？快给我说说吧！”看林薇对遗传学很感兴趣，妈妈就给她讲起了遗传学奠基人孟德尔的故事。

出生在奥地利西里西亚一个小村庄里的孟德尔，因为父母都是园艺家，从小就十分喜欢园艺学和农学，对植物的生长和开花都十分感兴趣。1840年，18岁的他考入了奥尔米茨大学的哲学院，由于学校需要老师，当地教会将勤奋好学的孟德尔安排到维也纳大学念书，后来又派遣他去修道院下属的一所中学教授自然科学，成了一名代课老师。

那么孟德尔和遗传学是怎么扯上关系的呢？这要从他毕业之后说起，当时他在欧洲最优秀的维也纳大学进修了两年的数学、物理、化学、生理学、植物学，熟悉了各种实验设备和方法，打下了相当扎实的基础。然而在参加教师考试的时候，他的植物学却没有考及格，这让他十分沮丧，因为他认为自己的观点是正确的，植物学教授并不权威。

为了证明这一点，他决定不计一切代价，也要找到证据。于是他请求修道院院长在花园中划给他一块地方做植物的杂交实验，正是这块200平方米的实验田，最终成为了遗传学的诞生地。

此时的孟德尔虽然名义上是修道士，但却将全部精力都用在了研究上，那么他究竟研究了什么呢？从当时人们给他取的外号上，我们不难猜出他的研究对象——“数豌豆的修道士”。没错儿，他将豌豆作为了自己的研究对象。

“豌豆为什么会如此幸运地被孟德尔选中呢？孟德尔研究豌豆的目的又是什么？”林薇一听说豌豆，马上来了精神，因为前阵子她一直在玩儿一个名叫《植物大战僵尸》的小游戏，而且十分喜欢里面的“豌豆射手”。难道孟德尔也喜欢玩这个游戏吗？

妈妈告诉她，当然不是。孟德尔希望证明一点，遗传是依靠传递基本因子来实现的，而性状的分布是能够被精确预测的。之所以会选择豌豆作为实验对象，是因为其他植物都存在着极其复杂多样的性状，而豌豆的各个品种都具有十分显著的不同性状，要么高，要么矮，要么有绿色的种子，要么有饱满的豆荚。不仅如此，豌豆花的结构也很简单，这也为实验提供了便利。

孟德尔先是挑出了7对有着明显性状的豌豆进行深入研究，在长达8年的时间里，他研究了28000株豌豆，并将这些豌豆分别进行了杂交实验，比如讲长得高的和长得矮的杂交，将豆粒儿圆的和皱皱巴巴的杂交，将沿着豌豆藤自下而上开花的和只是顶端开花的杂交……通过这些实验，来推导出准确规律。

虽然听起来这种实验挺有意思，但其实做起来并不容易，而且十分枯燥，但不管多么无聊，孟德尔在8年中从未间断，最终得出了两个结论：

第一个，生物的性状果然是由一对基因所控制的，在产生配子时，这一基因会分离进去不同的配子，这一结论被称为孟德尔第一定律，即分离定律；第二个，控制两对或两对以上性状的基因是相互独立的，在配子中可以随机组合，这一结论被称为孟德尔第二定律，也叫作独立分配定律。

这些了不起的结论对于遗传来说，是一场重大革命。然而阴差阳错，这些研究成果并没有被当时的社会所重视，几乎没有产生任何反响。但值得庆幸的是，在他的这些结论被忽视了30多年后的二十世纪初，终于被三位植物学家发现了。于是这位生前默默无闻的先驱获得了重新评价，他的研究成果也被公认为奠定了现代遗传学的基础。

科学小链接

孟德尔还有其他成就吗?

在进行植物杂交实验之外，孟德尔还从事过植物嫁接和养蜂等方面的研究。不仅如此，在工作之余，他还进行了长期的气象观测，同时还是维也纳动植物学会的会员和布吕恩自然科学研究协会和奥地利气象学会的创始人之一。

只是可惜，这些荣誉在他活着的时候并没有给他带来太多荣耀，但后人依然会永远记得这位奠定了遗传学基础的伟大的生物学家——孟德尔。

生物学家拉马克：在科学工作中找到乐趣

活泼可爱的林薇虽然在学习上积极主动，但是在做家务上却并不积极。周末的上午，刚睡醒不久的林薇斜卧在沙发上吃瓜子，弄得满地都是瓜子皮儿，爸爸让她起来打扫一下，她看了看一片狼藉的地板，撒起娇来："好爸爸，我好累呀，不想动弹了，你帮我扫扫好不好？"

爸爸说："我可以帮你扫干净，不过你要小心了，总是这么懒，躺在沙发上吃东西，很容易退化哦！"

"什么是退化啊？"林薇懒洋洋地问。

"你长时间不用什么器官，它就会变得越来越笨。比如你不愿意走路，一直不走，那么脚就不管用了；你不愿意动手做家务，久而久之，手就不那么灵活了；遇到事情不愿意动脑子，时间长了脑子就不聪明了。"爸爸坐在林薇身边，平静地说。

▲够高树上叶子的长颈鹿

听了爸爸的话，林薇一个鲤鱼

打挺儿就爬了起来："爸爸，这是真的吗？"

爸爸说，"这可不是我编造的，而是法国著名的生物学家拉马克提出来的哦！"林薇沙发也不躺了，瓜子也不吃了，缠着爸爸给她讲讲这到底是怎么回事儿。

拉马克有个十分经典的理论，作为一种生物，其经常使用的器官会逐渐变得发达，而不经常使用的器官则会逐渐退化，最终丧失其功能，甚至消失不见。

比如长颈鹿的祖先最初的脖子并不是这么长的，但是由于低矮的灌木丛越来越少，为了吃到高树上的叶子，它们不得不拼命伸长脖子和前腿，久而久之，就有了现在这样的长脖子；再比如古代的猿人，本来四条腿是一样长的，因为需要两条前腿使用工具，两条后腿走路，于是前腿进化成了手，后腿则越来越强劲有力。不仅如此，由于长时间不用尾巴，他们的尾巴渐渐消失了……

听完爸爸的话，林薇二话不说，马上去厨房拿来了笤帚和簸箕，把吐在地上的瓜子皮儿扫得一干二净，她生怕自己长时间不劳动，双手便不再灵巧了。

吃过午饭，林薇跑到自己的小屋子做作业去了，一写就是两个多小时，妈妈喊她一起去超市，她也不乐意，她告诉妈妈："学习是种乐趣，我哪儿都不去，我要在家学习。"

听了林薇的话，爸爸赞许地说："看来你和拉马克一样，把钻研当作最温暖、最纯洁的乐趣了。"

林薇听到拉马克的名字，马上想到了早上自己的行为，不好意思地笑了："爸爸，你给我讲讲这个生物学家的故事吧！"

拉马克小时候在教会学校读书，这让他养成了专注刻苦的学习习惯，长大后他去了军队服役，在里维埃拉驻屯时，百无聊赖的他对植物学发生了兴趣，写成了3卷本的《法国植物志》，并成为一位小有名气的植物学家。

受到鼓舞的拉马克一发而不可收拾，他立志成为最了不起的生物学家，于是更加努力钻研，然而由于他的认真和坚持真理，受到了当时社会上占统治地位的物种不变论者们的打压和迫害。

▲拉马克画像

那些人剥夺了拉马克发表言论的权利，并且阻止他写书论著，但他并未因此而退缩，而是坚定地认为：“科学工作能予我们以真实的益处；同时，还能给我们找出许多最温暖，最纯洁的乐趣，以补偿生命场中种种不能避免的苦恼。”

晚年的拉马克不仅双目失明，还受到了病痛的折磨，但即便如此，他依然顽强地工作，让自己的小女儿柯尼利娅笔录，将毕生的经历贡献给了生物科学。这些努力使他最终成了生物科学巨匠，1909年，为了纪念他的名著《动物学哲学》出版100周年，巴黎植物园特意为他建造了纪念碑，人们也永远记住了这位了不起的进化论倡导者和先驱。

科学小链接

拉马克的研究成果科学吗？

很多科学家并不认可拉马克提出的“用进废退”说，德国科学家威斯曼曾通过一个实验来反驳。把雌、雄老鼠的尾巴都切断后，让其相互交配产生下一代，但下一代是有尾巴的，随后将下一代的尾巴也切断，再下一代依然有尾巴，一直重复到第二十一代，其子孙依然有尾巴。

这个实验本身并不能说明什么问题，因为这种变化是人为剥夺的，而不是因环境的变异而丧失的。当然拉马克的这一结论也并非完美无缺，因为现代分子遗传学证明，生物的性状功能不管再常用或不常用，也不会编码到染色体中。

植物学家林奈：创造万有分类法

林薇在上学的路上看到一种花，有橙色或红色的花冠，小圆筒一样的花苞，上面蜜蜂采蜜、蝴蝶飞舞，可好看了。这种花的茎好像藤条一样，能够攀缘在公园的长椅和石墙上，藤条上还长着一些细细的根须，好像在空气里游泳。

但是林薇就是叫不上它的名字。

于是她想去问老师。

有的同学说："不用问了，你又没有拍照片，老师怎么会知道是什么花呢？"

有的说："就是，橙色、红色的花可多了，能爬树的花也很多，老师是不会搞清楚你说的是哪种花的。"

林薇不甘心，还是来问老师。

老师听了林薇的讲述后，说："你没有抓住植物的分类特点，这样，老师问你几个问题，就能知道这是什么花了。"

老师问的是什么问题呢？

1. 它是动物还是植物？（这个问题恐怕不用回答了吧？）

2. 它的花朵是不是很鲜艳？（好像也不用回答）

3. 它的种子发芽的时候，会长出几个小叶片？（到了春天，你会发现这种花发芽时，长出的是两片叶）

4. 它的花冠有几片，是什么样的，像什么？（这个林薇知道，花冠有好几片，没记清。但是刚开花的时候有点像人的两片嘴唇）

5. 它是一棵树还是一株草。（林薇想，还是更像草一些）

……

问了这么多问题，有的林薇能回答，有的不能回答。即使是这样，老师也已经猜出是什么花了。

老师说："我想这株花叫凌霄花。不信我给你拿一张凌霄花的照片，看看是不是你见到的那种花。"

▲林奈（1707–1778）

果然就是凌霄花！

林薇很奇怪地问老师："老师，您是怎么知道的呢？"

原来，世界上的动植物本来是多种多样的，不同地方的人会给它们取各种各样的名字，这样大家就会把动植物认错。为了使全世界的人更清楚地认识生物界，科学家们制定了很好的分类方法，现在常用的是根据生物的亲缘关系制定的"自然分类法"。

比如凌霄花吧，它属于"植物界→被子植物门→双子叶植物纲→唇形目→紫薇科→紫薇属→凌霄种"。通过从大到小的分类，我们就会搞清楚这是哪一种花，就算不同国家的语言不通，也可以知道对方指的是什么植物。

在19世纪之前，人们还不知道"自然分类法"。那时候的人们是怎么给植物分类的呢？这就要提到一位著名的科学家林奈了。

林奈是瑞典的一位科学家，从小就喜欢植物。他的爸爸了解到他的爱好之后，就经常对他进行指导。为了锻炼小林奈的记忆力，爸爸从不把一种花的名字说两遍。渐渐地，林奈认识的植物越来越多，采集的标本也越来越多，终于写出了很多著名的植物学著作，成为了一名植物学家。

在林奈以前，每个国家的学者都按照自己的方法给植物起名，大家要想研究一种植物，就得首先搞清楚它到底叫什么，那太混乱了。一种植物也许有很多名字，或者名字很长，大家都记不住，又或者根本读不懂对方说的话。为了解决这个困难，林奈根据花朵上雄蕊和雌蕊的数量和样子把植物分成了不同的纲、目、属和种。其中，纲代表的是雄蕊的数目，目代表的是雌蕊的数目，属代表的是花的外形，种代表的是叶子的外形。

为了给某一种植物定名，他还发明了“双名制命名法”，就是现在说的二名法。说起来，这种方法有点像中国人的名字，先有一个姓，再有一个名。林奈起的名字是用拉丁文书写的，每种植物都用两个拉丁字起名，第一个字代表属，第二个字代表种。在这个名字的最后还要加上起名者的姓氏缩写。比如，银杏树的名字GINKGO BILOBA L.中，L就是林奈姓氏的缩写。

这样一来，植物王国变得不再混乱，大家研究起来就清楚多了。

林奈用二名制的方法，给8800多种植物起了名字，简直达到了“无所不包”的程度，人们称这种方法为“万有分类法”。这一成就使得林奈成为18世纪最杰出的科学家之一。

虽然到了19世纪，这个分类法被自然分类法取代，但是林奈给植物分类的思想一直影响着现代的科学家。

科学小链接

既然植物可以通过这种命名法来区分，那么动物是不是也可以呢？

林奈不仅能给植物命名，还能给动物命名。他根据动物的心脏、呼吸器官、生殖器官、感觉器官和皮肤等特征，把动物分为6个纲：哺乳纲、鸟纲、两栖纲、鱼纲、昆虫纲、蠕虫纲。纲下面又可以分为目、属、种。如鹦鹉属于鸟纲、鹦形目。不过鹦鹉的类别很多，下面又分为2个科，82个属，358种呢。

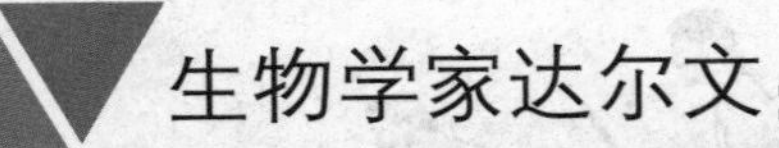

生物学家达尔文：把甲虫藏在嘴里

有一次，林薇和同学们一起到博物馆参观，看到那里陈列着一些动物的化石，有三叶虫、蕨类植物，还有贝壳呢！那些化石都和石头融为一体，分不清哪里是动物，那里是石头。

林薇问老师："这些化石是从哪里发现的呢？"

老师借着林薇的话问大家："请大家猜一猜，贝壳化石可能是从哪里发现的呢？"

大家七嘴八舌地讨论开了。有的说是在山谷的河床上发现的，因为那里经常有贝壳。有的说是在海边发现的，因为那里是贝壳的家。还有的说是在海底发现的，因为贝壳死掉以后会落到海底。

老师摇摇头："都不对。"

这可真奇怪，贝壳化石会在哪里发现呢？

老师说："其实是在山顶发现的。"

山顶？软体动物怎么会有那么大的本领，能爬到山顶上去呢？

▲达尔文

▲人类的“进化”

100多年前的达尔文，也有过这样的疑问。达尔文是位很喜欢收集动植物标本的生物学家，每到一个地方，他都跋山涉水，不辞辛苦，采集很多的标本，挖掘很多化石，为自己的科学研究做准备。当时，他搭乘了一艘叫“小猎犬号”的轮船，到世界各地考察。

这天他来到巴西，为了采集岩石的标本，他竟然爬到了海拔4000多米的安第斯山上。让人意想不到的是，他在山顶发现了贝壳化石。他和小朋友们想的一样：“生活在海里的贝壳还能爬到山顶吗？”

经过思考和研究，达尔文认为，地球上的高山、大海、山谷、河流都不是一成不变的，而是随着地壳的变化而变化。现在的高山，在很久以前也许是大海，海里的贝壳被变成化石，出现在了现在的高山上。他进一步想到，世界上的物种一定也在不断变化，环境变了，物种就会变，人就是某种原始的动物慢慢进化来的，所以亚当和夏娃的故事是假的。

他的这种观点在当时真是炸开了锅，因为很多人都信奉“神创论”，认为世界是上帝在7天之内创造的，世界上的东西从创造以来根本就没有变过。

达尔文就是这样的一位有思想的科学家。他的思想绝不是天赋，而是从对生物学产生的浓厚兴趣得来的。在他19岁的时候，有一次到伦敦郊外的树林里散步，忽然发现了两只从没见过的甲虫，马上就用两只手各抓住一只，打算带回家研究。可是他又发现了第三只甲虫，他想都没想，就把手里的一只塞进嘴里咬住它，把最后那只甲虫抓住了。直到甲虫把他的舌头蜇得又麻又痛，他才把甲虫吐到手心里。

正是因为达尔文有这种刻苦钻研的精神，才使得他创作出了一部巨著《物种起源》。这是他经过20多年的研究而写成的，第一次印刷了1000多本，一天就卖光了。在这部书里，他提出了“进化论”的思想，认为物种是在不断的变化之中的，是从低级到高级、从简单到复杂的演变过程中的。恩格斯还把“进化论”看作是19世纪自然科学的三大发现之一。

为了表达对达尔文的敬仰，在他去世后，人们把他的遗体安葬在牛顿的墓旁边。

直到现在，我们仍然认为生物进化是生存斗争的结果，不同的自然条件选择了不同的物种。这都是达尔文的观点。

科学小链接

达尔文认为，世界上的物种之所以一代代不断发生变化，最后产生很多新物种，都是自然选择的结果。这是什么原理呢？

比如在一片红色的森林里，原来有各种颜色的蝴蝶，也有吃蝴蝶的鸟类。时间长了以后，很多红色的蝴蝶因为和树木长得很像，鸟儿无法辨认，就没有被吃掉。可是有些绿色的、黄色的蝴蝶，很容易被认出来，所以被鸟儿吃掉了。最后，树林里就只剩下了红色的蝴蝶。

在一片草地上，可能有宽叶子的小草，也有窄叶子的小草。当干旱的季节到来后，宽叶子的小草因为需要的水分多，所以无法生存，就死掉了。而那些窄叶子的小草，因为蒸发很慢，所以活了下来。后来草地上就只有窄叶草了。

这就是优胜劣汰、适者生存的道理，也是自然选择规律。

列文虎克：微生物学的开山鼻祖

林薇虽然爱干净，但有时候还是会有一些不好的卫生习惯。比如运动之后，满头大汗，十分口渴，但总是等不到热水凉了之后再喝，而是端起一碗凉水就往嘴里灌。她饿了以后，常常忘记洗手，拿起面包来就啃。上完厕所，也常常忘记洗手。

特别让妈妈接受不了的是，她感冒以后随地吐痰。这可不是个好的习惯哦！

妈妈批评林薇之后，她还气呼呼地说："水里什么都看不见，哪有什么病菌？喝点也没什么嘛！我的手上很干净，不信你看看！"

▲列文虎克（1632–1723）

300多年前，人们的想法也和林薇的一样，因为肉眼看不见，所以都认为凉水里是很干净的，什么都没有。可是自从荷兰的列文虎克用他的镜片观察了一滴雨水之后，人们才发现，一滴看起来很干净的水里有许许多多的微生物，它们和平常的小虫子差不多，头上有角，不断游泳，只不过很小很小罢了。可是它们的数量之多，简直让你吃惊，恐怕一滴

▲数量众多的红血球

水里面有上百万个小虫。这些小虫如果不杀死，我们怎么敢去喝呢？

那个时候，人们虽然也发明了用放大镜观察小的东西，但是显微镜并不先进，而且最重要的是，谁也没有想到去发明一个高倍的显微镜观察肉眼看不到的微生物。列文虎克是第一个这样做的人！

列文虎克本来只是一个“乡巴佬”，他只读过几年书，家里很穷，曾经以卖布料为生。后来他到市政府去做看门人，所以有了很多时间做他喜欢做的事。他喜欢做什么呢？就是观察人们从不知道的世界。

但是眼镜店里的放大镜很贵，他根本买不起。所以他决心用玻璃、宝石和钻石等东西自己磨制镜片。磨镜片可不是那么容易的，需要很多时间，还要有很大的耐心，但是他在几十年的时间中坚持下来了。一生中，他竟然磨制了500多个镜片，还制造了400种以上不同的显微镜，其中的9种直到现在人们还在使用。由此可见他是一个多么努力的人哪！

一次一位记者问他：“您是怎么成功的呢？”他没有说话，只是把手伸给记者看。记者看到他的手，因为经常磨制镜片，已经布满了老茧，还有很多裂纹，就全明白了。只有真正付出过，才会有收获，列文虎克确实收获了很多。

他从观察自己的手开始，看到蜜蜂腿上有短毛，好像针一样，有点让人害怕；蚊子的长嘴好像一根尖尖的管子，扎进人的皮肤里；甲虫的腿好像大扫帚，力量大得很。他不断研究，不断观察，由他发明的一个简单的凸透镜，能把小东西放大到原来的270倍呢。

他借助这些镜片，观察到人的血液里面有红色的小球在运动，那就是红细胞。他还发现狗和兔子的精子好像小蛇一样，弯弯曲曲地游动着。为了让大家都能看到这一切，他不仅作了很详细的记录，还画成图画寄给当时著名的英国皇家学会，当得知这一切时，所有人都惊呆了。

列文虎克的研究报告轰动了全英国，他名扬天下，每写一篇报告，大家都抢先阅读，想看看他又发现了什么人们从没见过的东西。

他真的不愧为发现微生物的鼻祖！

那时候，可能他还没有弄明白，发现这些微生物有什么用。到了现在，我们已经知道，只有发现了这些微生物，才能知道疾病是怎么产生的，才能搞清楚怎么去治疗疾病，人们才有健康的生活。不过仅仅是发现，就已经是了不起的成就了，因为那是微生物学开始的第一步！

科学小链接

放大镜成像的原理

如果一个镜片中间厚、四周薄，那它就称为凸透镜。凸透镜会把原来平行的光线变成一个焦点，也会让细小的东西看起来很大。根据这个原理，我们制造了放大镜。根据放大镜的原理，我们又制造了显微镜。怎么样，第一个制造凸透镜的人是不是很伟大呢？

微生物学家巴斯德：微生物学的奠基人

林薇的腿擦伤了，妈妈警告他，不要接触任何小动物，以免发生传染。可是事不凑巧，小区里正好出现一只游荡的小狗，见到林薇，总喜欢黏在她身旁摇头摆尾。

一不小心，小狗伸出舌头舔到了林薇擦伤的伤口附近。妈妈见到后，立刻带林薇去医院打针。

林薇很奇怪："我又没有生病，为什么却要带我打针呢？"

妈妈说："狂犬病毒很危险，会通过狗狗的唾液和人的血液传播。为了以防万一，还是打上狂犬疫苗才放心。"

▲被疯狗咬伤易得狂犬病

小区的一位老奶奶看到后，笑眯眯地说："现在多幸福啊，我小的时候看到有的人被疯狗咬伤

后，不知道怎么救治，最后就死掉了，多可惜啊。”

是啊，以前人们还没有发明狂犬疫苗，经常和狗狗接触的人们岂不是很危险吗？幸亏有了那位叫巴斯德的生物学家。

1885年的一天，一位快要绝望的妈妈带着他的孩子来找巴斯德，一边痛哭，一边哀求巴斯德救救他的孩子。原来他的孩子在5天前被狗咬伤了，伤口很大，还流了脓，孩子的精神很不好，身体非常虚弱。在以后的10天里，巴斯德连续给孩子注射了十几种不同的疫苗。1个月过去了，孩子完全康复了，大家都很高兴。因为在这之前，世界上还没有人能治得好狂犬病呢。

巴斯德就是那位利用“巴氏消毒法”解决了啤酒腐败的科学家。他为了研究出治疗狂犬病的方法，曾亲自找到两只疯掉的狗，冒着危险，用小吸管吸取了它们嘴里的唾液，这样的举动，一般人哪儿敢呢？

巴斯德想，如果狂犬病毒不那么毒的话，人就不会死掉，但是人感染后身上却会产生免疫力，能不能用这个方法来治疗呢？

他把被狗咬伤后病死的一只兔子拿来，取出它的一点骨髓，然后把它放进瓶子里，烧得很干燥。再把它碾成粉末和蒸馏水混合起来，注射到健康的狗身上，狗一点事也没有。可是，如果用不干燥的骨髓注射到狗身上，狗就会得病。

利用这个原理，巴斯德发明了狂犬疫苗。自从有了这种疫苗，人们再也不怕狂犬病了。大家都非常尊敬这位善于钻研的科学家。

是的，这位出生在1822年的法国微生物学家，一生都在孜孜不倦地研究他的微生物。为了证明微生物就是物品腐败的原因，他专门制作了一个有着长长弯弯的瓶颈的玻璃瓶，里面放了鲜美的肉汤。

当他把这些肉汤加热以后，里面的微生物都死掉了。虽然空气还可以从外面进来，但是因为瓶颈很长，又很弯曲，微生物几乎进不来。几十年过去了，这些肉汤竟然还能够保持新鲜。

而那些有着直瓶颈的瓶子里装的肉汤，虽然也加热过，但是没过几天就臭不可闻了。

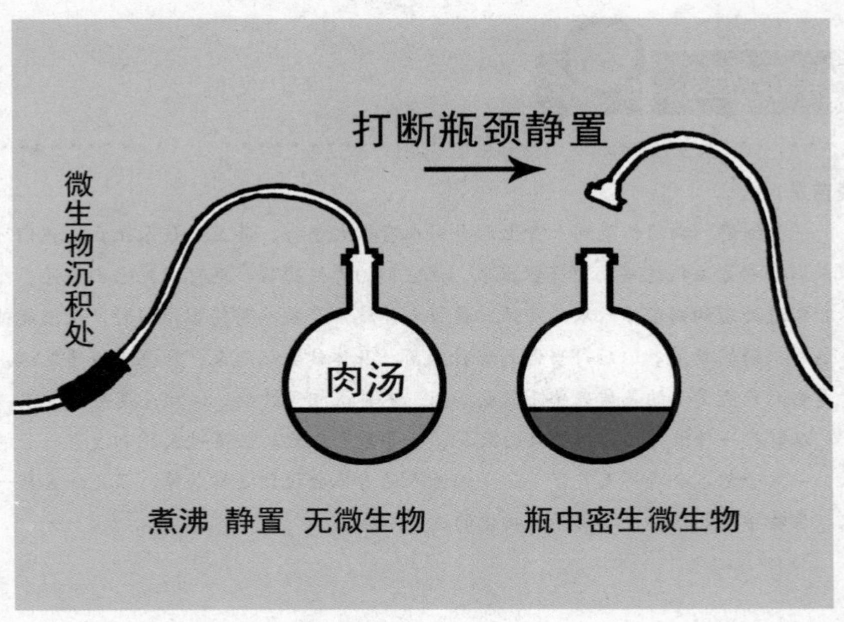

▲巴斯德的“瓶颈实验”

这个奇怪的实验启发许多科学家用一生的时间去发现微生物，研究微生物，在他们的努力下，研制出了很多疾病的疫苗，为人们带来了健康的福音。可以说巴斯德就是微生物学的领路人，后人也因此称颂他为“进入科学王国的最完美无缺的人”。

有一段时间，法国的养蚕业遭受重创，许多蚕莫名其妙地死掉了，大家都不知道是怎么回事。为了拯救法国的养蚕业，巴斯德不断研究，根本不顾自己的身体健康。终于他发现了一种侵害蚕卵的细菌，一下子拯救了法国的丝绸工业。

巴斯德认为，所有的传染病都不是凭空来的，而是某种微生物不断繁殖、侵害的结果。所以他一辈子都在发现那些微生物，帮助人们找到克制致病菌的方法。直到现在，我们还在靠巴斯德的理论治疗人类的疾病，他的光芒永远照耀着我们走在科学的道路上。

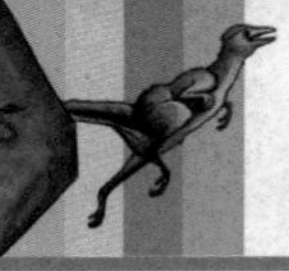

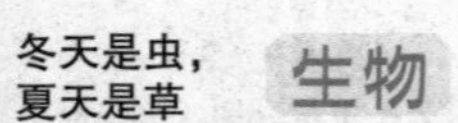

科学小链接

疫苗是什么

一些细菌、病菌传染到人身上后会对人有很大伤害，甚至导致人死亡。我们可以采取一些方法把这些病菌提取出来，让它们的毒性减轻，也可以把它们杀死，然后把经过处理的病菌输入人的身体。这样人体就不会被病菌伤害，同时产生出能抵抗这种病菌的物质。以后每当遇到这种病菌，身体就会记起来，原来曾经遇见过，于是自动产生更多的物质来杀死这些病菌，不再得相同的病。这就是疫苗的原理。

以前有一种很可怕的传染病叫天花，会导致人死亡。但得过天花却没有死亡的人，一辈子都不会再得天花了，这是因为人的身体会记住这种病菌，只允许它来一次。生物学就是这样，利用了生物体的这一本能。